高职高专建筑智能化工程技术专业规划教材

楼宇设备监控组件安装与维护

主　编　文　娟　刘向勇
副主编　梁海珍　叶小丽
参　编　芦乙蓬　何立基　魏振媚　李　威
　　　　黄浩波　黄锦旺　司云萍　贾晓宝

机 械 工 业 出 版 社

本书全面系统地论述了楼宇设备监控组件安装与维护的新技术，包括了智能建筑的认识与计算机控制基础、智能照明监控系统的安装与维护、楼宇供配电监控系统的安装与维护、楼宇给水排水监控系统的安装与维护、电梯监控系统的安装与维护、空调监控系统的安装与维护。

书中各项目内容以任务为导向，以操作过程图片或电气原理图为载体进行论述，为"教"、"学"提供了生动、直观、具有可操作性的实例。

本书适合作为建筑智能化工程技术专业教材，也可供从事建筑智能化工作的工程技术人员和管理人员参考。

为方便教学，本书配有免费电子课件等，凡选用本书作为教材的学校，均可来电索取。咨询电话：010-88379375；电子邮箱：wangzongf@163.com。

图书在版编目（CIP）数据

楼宇设备监控组件安装与维护/文娟，刘向勇主编.—北京：机械工业出版社，2014.8（2018.6重印）

高职高专建筑智能化工程技术专业规划教材

ISBN 978-7-111-47686-3

Ⅰ.①楼… Ⅱ.①文…②刘… Ⅲ.①智能化建筑－监控系统－建筑安装－高等职业教育－教材②智能化建筑－监控系统－维修－高等职业教育－教材 Ⅳ.①TU855

中国版本图书馆 CIP 数据核字（2014）第 188745 号

机械工业出版社（北京市百万庄大街22号 邮政编码100037）
策划编辑：王宗锋 责任编辑：王宗锋 王 荣
版式设计：霍永明 责任校对：樊钟英
封面设计：路恩中 责任印制：常天培
北京机工印刷厂印刷
2018年6月第1版第2次印刷
184mm×260mm · 10.25印张 · 246千字
2001—3900册
标准书号：ISBN 978-7-111-47686-3
定价：26.00元

凡购本书，如有缺页、倒页、脱页，由本社发行部调换

电话服务 网络服务
服务咨询热线：010-88379833 机工官网：www.cmpbook.com
读者购书热线：010-88379649 机工官博：weibo.com/cmp1952
　　　　　　　　　　　　　　　教育服务网：www.cmpedu.com
封面无防伪标均为盗版 金书网：www.golden-book.com

前　言

工学结合一体化课程体系改革是国家职业教育改革发展示范学校建设的重要内容，为了更好地适应工学一体化教学要求，特编写本书。

本书编写主要遵循以下原则：

第一，坚持以培养学生能力为本位，重视学生实践能力的培养，突出职业技术教育特色。根据建筑智能化工程技术专业毕业生所从事职业岗位的实际需要，合理确定学生应具备的能力结构与知识结构，对教材内容的深度、难度作了较大程度的调整，理论知识以"够用"为原则。同时，进一步加强实践性教学内容，以满足企业对技能型人才的需求。

第二，本书编写采用了工学结合、理论实践一体化的模式，使书中内容更加符合学生的认知规律，易于激发学生的学习兴趣。

第三，尽可能多地在书中体现新知识、新技术、新设备和新材料等方面的内容，力求使本书具有较鲜明的时代特征。同时，在本书编写过程中，严格贯彻国家有关技术标准。

第四，本书编写中使用图片、实物照片或表格形式将各个知识点生动地展示出来，力求给学生营造一个更加直观的认知环境。

本书由文娟、刘向勇任主编，梁海珍、叶小丽任副主编，参加编写的还有芦乙蓬、何立基、魏振媚、李威、黄浩波、黄锦旺、司云萍、贾晓宝。其中芦乙蓬、何立基编写项目一；魏振媚、李威编写项目二；黄浩波、黄锦旺编写项目三；梁海珍、司云萍编写项目四；文娟、刘向勇编写项目五；叶小丽、贾晓宝编写项目六。

由于编者水平有限，书中缺点和错误在所难免，欢迎广大读者批评指正。

编　者

目　　录

项目一 智能建筑的认识与计算机控制基础

智能建筑的概念在 1984 年首次出现于美国。智能楼宇是指建筑的整体，是建设目标，是建筑工程与艺术、自动化技术、现代通信技术和计算机网络技术相结合的复杂系统。智能建筑的产生不是偶然，是整个社会的经济、技术发展前提下的产物。

任务一 智能建筑的定义及 5A 系统

一、教学目标

1）深刻理解智能建筑的含义，清楚智能建筑的特征。区别智能楼宇与楼宇设备自动化系统的概念。

2）熟识 3A 子系统及 5A 子系统的名称。

3）了解智能建筑的主流技术及发展趋势。

二、学习任务

1）理解智能建筑及其特征。

2）根据智能建筑的特征，判别周围的建筑是否是智能建筑。如果不是，请说出在哪些方面达不到。

三、相关理论知识

智能建筑（Intelligent Building, IB）一词，于 1984 年首次出现于美国。当时，美国联合技术公司的一家子公司——联合技术建筑系统公司，在美国康涅狄格州的哈特福德市改建完成了一座 38 层高的旧金融大厦，取名为 City Place（都市大厦），"智能建筑"一词出现在其宣传词中，该大楼以当时最先进的技术装备了通信系统、办公自动化系统及自动监控和建筑设备管理系统。智能建筑是多学科、高新技术的巧妙集成，也是综合经济实力的表现，大量高新技术竞相在此应用，使得高层建筑成为了一个充满活力的、具有高工作效率的、有利于激发人创造性的环境。

什么是智能建筑，或者说什么样的建筑才能称之为智能建筑？国内外相关学术界对智能建筑的定义也不尽相同。

美国的定义：通过将建筑物的结构、系统、服务和管理四项基本要求以及它们的内在关系进行优化，来提供一种投资合理，具有高效、舒适和便利环境的建筑物。

日本的定义：创造一种可以使住户有最大效率环境的建筑，同时该建筑可以使之有效地管理资源，而在硬件设备方面的寿命成本最小。

2000 年 7 月，原中华人民共和国建设部审定通过《智能建筑设计标准》，将智能建筑定义为：智能建筑以建筑物为平台，兼备信息设施系统、信息化应用系统、建筑设备管理系统、公共安全系统等，集结构、系统、服务、管理及其优化组合为一体，向人们提供安全、高效、便捷、节能、环保、健康的建筑环境。

（一）智能建筑的特征

智能建筑将楼宇自动化系统（Building Automation System，BAS）、通信自动化系统（Communication Automation System，CAS）和办公自动化系统（Office Automation System，OAS）通过综合布线系统（Generic Cabling System，GCS）有机地结合在一起，并利用系统软件构成智能建筑的软件平台，使实时信息、管理信息、决策信息、视频信息、语音信息以及各种其他信息在网络中流动，实现信息共享。

1. 集成性

所谓集成（Integrated），是指把各个自成体系的硬件和软件加以集中，并重新组合到统一的系统之中，它包含删除与连接、修改与统筹等意义，同时不排除软/硬件并行工作。

智能建筑的集成，一般来说需要经历从子系统功能级集成到控制网络的集成，然后到信息系统、信息网络的集成，并按应用的需求来进行连接、配置和整合，以达到系统的总体目标。

智能建筑从大方向来说是由 3 个独立的自动化子系统组成的：楼宇自动化系统（BAS）、通信自动化系统（CAS）和办公自动化系统（OAS），即 3A 子系统，如图 1-1-1 所示。

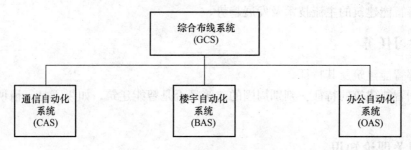

图 1-1-1　智能建筑 3A 子系统

随着技术的细划，智能建筑可划分为 5 个独立的自动化系统：楼宇自动化系统（Building Automation System，BAS）、安全防范自动化系统（Security Automation System，SAS）、通信自动化系统（Communication Automation System，CAS）、防火自动化系统（Fire Automation System，FAS）和办公自动化系统（Office Automation System，OAS），即 5A 子系统，如图 1-1-2 所示。这些子系统仍然是通过综合布线系统（Generic Cabling System，GCS）有机地结合在一起的，以满足用户不断提高的各方面的要求。

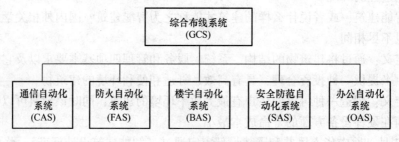

图 1-1-2　智能建筑 5A 子系统

防火自动化系统（FAS）及安全防范自动化系统（SAS）是从楼宇自动化系统（BAS）中细化出的。

2. 开放性

智能建筑的产生是基于现代科学技术的高度发展之上的，它是现代科学技术与建筑科学及建筑艺术的结晶。它具有开放性的特征，具体表现是应用在智能建筑工程建设中的现代科学技术与建筑科学及建筑艺术是不断发展的，不论是计算机网络技术、自动控制技术、现代通信技术，又或是建筑科学技术及建筑艺术，都是不停地向更高、更现代化的水平飞速发展的，新技术、新概念层出不穷。反映在建筑智能化系统上，就是其系统智能化程度越来越高，因此智能建筑为人们带来的学习、生活与工作环境也越来越好。

3. 复杂性

复杂系统的一个重要特征就是系统的开放性。一般来说，任何一个复杂系统，它首先是一个现实的系统，而现实的系统总是与周围的环境有着密切的交互作用，即可以进行物质、能量和信息的交换。

复杂系统的另一个重要特征，就是系统的复杂性。任何一个智能建筑（群），总是存在着一个建筑智能化系统，时刻维系着智能建筑的运行；计算网络与外界进行联系并进行交互作用。

4. 先进性

智能建筑的先进性特征，主要反映在建筑智能化系统的先进技术应用方面，其先进技术的内涵，应该是现代办公自动技术、现代通信技术、计算机网络技术和自动化控制技术等的综合体现和应用。

（二）我国智能建筑的发展趋势

1）我国智能建筑的发展趋势主要取决于市场需求。

2）智能建筑要充分体现以人为本的思想，所用技术取决于使用人的需求，这需要对使用者进行培训教育，做到真的有需求。

3）集成商需要全面掌握优化设计、优化施工、优化管理能力。

4）集成商与建筑设计院、建筑队伍应紧密结合，智能建筑是高科技的结晶需要具有高科技能力的人才去运营、管理，因此培训这样的人才需从工程设计开始。

5）后期服务运营管理就我国实际而言，需要组建高科技智能建筑物业管理公司。

6）信息网 TCP/IP 的应用将进行与控制网技术的互联互融，进而简化协议，提高集成水平，实现 IBMS 集成。

7）信息网和控制网的硬件集成水平可靠性、保密性、稳定性将大大提高，产品将规模化，价格将进一步降低。

8）智能化建筑网络宽带化，互联互融，产生出更简便实用的产品，从物理层上大大减少布线类型，向光纤到户方向迈进，与无线宽带技术平行发展。

9）无论是信息网、控制网，还是电视网，将更进一步使产品数字化，向智能化发展。

10）实现统一少数协议，使软件提高抗干扰能力、保密性和防病毒能力。

11）实现全业务网络通信，即在同一网上实现宽带的语言、数字、控制数据、图像通信向四网合一进一步靠拢，努力向光纤到户过渡。

12）无线宽带、卫星通信、非对称卫星通信、GSM 及 CDMA 宽带数据通信进一步融入智能建筑及智能小区等。

四、任务实施

1）播放国内外成熟的关于智能建筑的视频，通过视频让学生了解智能建筑的性能及智能建筑与普通建筑的区别。

2）要求学生到所居住的小区观察有哪些楼宇智能化系统。

3）安排学生到一些比较先进的示范智能建筑参观，对比 5A 子系统的体现情况。

4）要求学生到图书馆、上网查询智能建筑相关资料及各地区、各个国家现阶段的发展概况。

五、问题

1）什么是智能建筑？

2）简述智能建筑的 3A 子系统或 5A 子系统。

3）智能建筑的特征有哪些？

任务二　计算机控制系统及楼宇自动化系统

一、教学目标

1）认识计算机控制系统及集散控制。

2）楼宇自动化系统（BAS）的结构及组成。

3）楼宇常用传感器和执行器的工作原理及使用。

4）理解集散控制系统的层次，对比集散控制系统的结构图与 BAS 体系的结构图，把两者进行关联。

二、学习任务

1）分类列举建筑内的机电设备。

2）采用计算机控制对被控机电设备进行运行监控，了解信号的类型及传输方向。

3）对比集散控制系统的结构图与楼宇自动化系统的结构图。

三、相关理论知识

（一）计算机控制系统

数字计算机在楼宇自动控制系统中应用，主要是作为控制系统的一个重要组成部分，完成预先规定的控制任务。根据控制对象的不同、所完成控制任务的不同及对控制要求和使用设备的不同，各个计算机控制系统的具体组成千差万别，但从原理上说，它们的组成有共同的特点。

1. 硬件部分

计算机系统的硬件一般由计算机、被控对象、过程通道、人机联系设备和控制台等几部分组成，如图 1-2-1 所示。

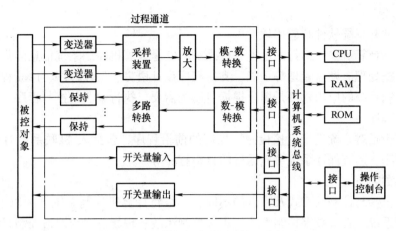

图 1-2-1 计算机系统的硬件组成框图

下面主要介绍过程通道。

过程通道是计算机与被控对象之间交换数据信息的桥梁，是计算机控制系统按特殊要求设置的部分。按传输信号的形式可分为模拟量通道和开关量通道；按信号的传输方向可分为输入通道和输出通道。

（1）模拟量通道

1）模拟量输入通道（Analog Inputs，AI）用来将被控对象的模拟量被控参数（被测参数）转换成数字信号，并送至计算机，它包括检测元件（传感器）、变送器、多路采样器和模-数（A-D）转换器等。

2）模拟量输出通道（Analog Outputs，AO）用来将计算机输出的数字信号经数-模（D-A）转换器变换为模拟量后，去控制各种执行机构动作。

执行机构是气动或液动元件，还需经过电-气、电-液转换装置，将电信号转化为气体驱动和液体驱动信号。

每个模拟量输出回路输出的信号在时间上是离散的，而执行机构要求是连续的模拟量，所以通过输出保持器将输出信号保持后，再去控制执行机构。

（2）开关量通道

1）开关量输入通道（Digital Inputs，DI）用于将现场的各种限位开关或各种继电器的状态输入计算机。

各种开关量输入信号经过电平转换、光电隔离并消除抖动后，被存入寄存器中，每一路开关的状态相应地由寄存器中的一位二进制数字 0、1 表示，计算机的 CPU 可周期性地读取输入回路每一个寄存器的状态来获取系统中各个输入开关的状态。

2）开关量输出通道（Digital Outputs，DO）用来控制系统中的各种继电器、接触器、电磁阀门、指示灯、声光报警器等只有开、关两种状态的设备。

开关量输出通道锁存来自于计算机 CPU 输出的二进制开关状态数据，这些二进制数据每一位的 0、1 值，分别对应一路输出的开、关或通、断状态，计算机输出的每一位数据经过光电隔离后，可通过 OC 门（集电极开路电路，具有较强的驱动能力）、小型继电器、双向晶闸管、固态继电器等驱动元件的输出去控制交、直流设备。

2. 软件部分

计算机软件有系统软件和应用软件。

系统软件是计算机操作运行的基本条件之一，它是计算机控制系统信息的指挥者和协调者，并具有数据处理、硬盘管理等功能，支持程序设计语言、编译程序、诊断程序等软件。

计算机控制系统的应用软件是用户根据自己的需要，执行编制的控制程序、控制算法程序及一些服务程序。

控制软件包括对系统进行直接检测、控制的前沿程序，包括人-机联系、对外部设备管理的服务性程序，还有保证系统可靠运行的自检程序等。

（二）集散控制

根据计算机参与控制的方式及特点的不同，一般将计算机控制系统分为以下几种类型：操作指导控制系统、直接数字控制系统、集散控制系统、现场总线与网络控制系统。

目前，BAS 主要采用集散控制系统。

集散控制系统（Distributed Control System，DCS）是采用集中管理、分散控制的计算控制系统，它以分布在现场的数字化控制器或计算机装置完成对被控设备的实时控制、监测和保护任务。集散控制系统的结构如图 1-2-2 所示，由图 1-2-2 可见，它是一种横向分散、纵向分层的体系结构，其功能分层可分为现场控制级、监控级和中央管理级，级与级之间通过网络相连。

1. 现场控制级

现场控制级由现场直接数字控制器（Direct Digital Controller，DDC）及现场通信网络组成。

DDC 是以功能相对简单的工业控制计算机、微处理器或微控制器为核心，具有多个 DO、DI、AI、AO 通道，可与各种低压控制电器、传感器、执行机构等直接相连的一体化装置，用来直接控制各个被控设备，并且能与中央控制管理计算机通信。

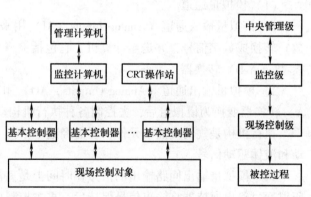

图 1-2-2　集散控制系统的结构

2. 监控级

监控级由一台或多台通过局域网相连的计算机工作站构成，作为现场控制器的上位机，监控计算机可分为以操作为目的的操作站和以改进系统功能为目的的监控站。

监控站直接与现场控制器通信，监视其工作情况并将来自现场控制器的系统状态和数据，通过通信网络传递给监控站，再由监控站实现具体操作。但需注意的一点是，监控站的输出并不直接控制执行机构，而是给出现场控制器的给定值。

监控级计算机除了要求具有完善的软件功能以外，对硬件也有特殊的要求，必须可靠性高，因为现场控制器只关系到个别设备的工作，而监督管理计算机则关系到整个系统或分系统的运行安全。

监控级的主要功能如下：

1）采集数据，进行数据的转换与处理。

2）进行数据的监视和存储，实施连续控制、批量控制或顺序控制的运算和输出控制。

3）进行数据和设备的自诊断。

4）实施数据通信。

3. 中央管理级

中央管理计算机是以中央控制室操作站为中心，辅以打印机、报警装置等外部设备组成，它是集散控制系统的人机联系的主要界面。

中央管理级的主要功能如下：

1）实现数据记录、存储、显示和输出。

2）优化控制和优化整个集散控制系统的管理调度。

3）实施故障报警、事件处理和诊断。

4）实现数据通信。

（三）楼宇自动化系统

楼宇自动化系统（Building Automation System，BAS）是智能建筑的重要组成部分，就像人体的心脏，时刻维系着智能建筑的运行。具体来说，它是针对楼宇内各种机电设备进行集中管理和监控，这其中主要包括供配电系统、照明系统、给水排水系统、暖通与空调系统、电梯/停车场系统、保安系统、消防系统、物业管理等，通过对各个子系统进行监测、控制、信息记录，实现分散节能控制和集中科学管理，为用户提供良好的工作和生活环境，同时为管理者提供方便的管理手段，从而减少建筑物的能耗并降低管理成本。楼宇自动化系统如图1-2-3所示。

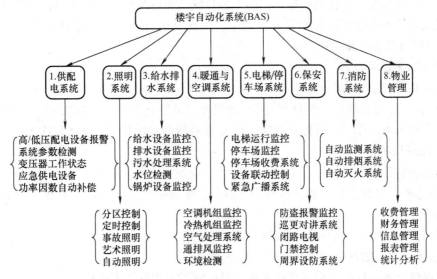

图1-2-3　楼宇自动化系统

BAS是建立在计算机技术基础上的采用网络通信技术的分布式集散控制系统，它允许实时地对各子系统设备的运行进行自动的监控和管理。它是由中央管理站、各种DDC及各种传感器、执行机构组成的，能够完成多种控制及管理功能的网络系统，是随着计算机在室内环境控制和管理中的应用而发展起来的一种智能化控制管理网络。

现代典型的BAS控制结构一般由以下几部分组成，如图1-2-4所示。

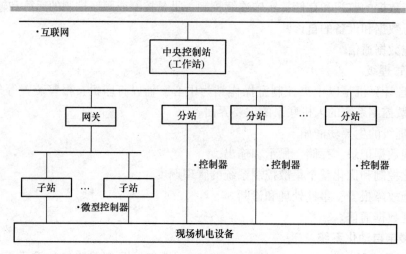

图 1-2-4　BAS 控制结构

（1）中央控制站（工作站）　中央控制站直接接入计算机局域网，它是楼宇自动化系统的"主管"，是监视、远方控制、数据处理和中央管理的中心。中央控制站还对来自各分站的数据和报警信息进行实时监测，同时向各分站发出各种各样的控制指令，并进行数据处理，打印各种报表，通过图形控制设备的运行或确定报警信息等。

（2）区域控制器（DDC 分站）　区域控制器必须能够独立完成与现场机电设备中负责数据采集和控制监控的设备直接连接，向上通过网络介质与中央控制站相连，进行数据的传输。区域控制器通常设置在控制设备的附近，因而其运行条件必须适合于较高的环境温度（50℃）和相对湿度（95%）。

其软件功能要求如下：

1）具有在线编程功能。

2）具有节能控制软件，包括最佳启/停程序、节能运行程序、最大需要程序、循环控制程序、自动上电程序、焓值控制程序、DDC 事故诊断程序和 PID 算法程序等。

（3）现场设备

现场设备包括以下几种：

1）传感器，如湿度传感器、压力传感器、温度传感器、压力差传感器、液位传感器和流量传感器等。

2）执行器，如风门执行器、电动阀门执行器等。

3）触点开关，如继电器、接触器、断路器。

上述现场设备应具备安全可靠的要求，且应能满足实际要求的精度。

现场设备直接与分站相连，它的运行状态和物理模拟量信号将直接送到分站，反过来，分站输出的控制信号也直接应用于现场设备。

（4）通信网络

中央控制站与分站通过屏蔽或非屏蔽双绞线连接在一起，组成局域网。通信协议一般采用标准形式，如 RS485 或 LonWorks 现场总线。

BAS 的各子系统，如安保、消防、楼宇机电设备监控等子系统，可考虑采用以太网将各子系统的工作站连接起来，构成局域网，从而实现网络资源，如硬盘、打印机等的共享，以及各工作站之间的信息传输。通信协议采用 TCP/IP。

集散式 BAS 体系监控系统结构如图 1-2-5 所示。

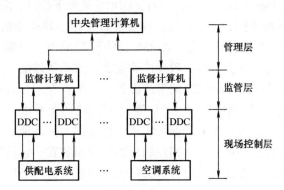

图 1-2-5　集散式 BAS 体系监控系统结构

四、任务实施

1）列举建筑内的机电设备。

2）使用计算机进行控制，主要是采集现场设备信息，展示温度传感器、湿度传感器等常用传感器及风机、风阀等执行器的实物。

3）讲解清楚集散控制结构与 BAS 体系结构的关系。

五、问题

1）简述 BAS 体系的作用及包括的机电设备。

2）简述 BAS 体系与 DCS 间的关系。

任务三　直接数字控制器（DDC）

一、教学目标

1）了解直接数字控制器的工作原理。

2）掌握 Excel 5000 集散控制系统的网络结构和总线结构。

3）熟悉 Excel 50 控制器面板结构及操作、I/O 口功能。

二、学习任务

1）认识 Excel 50 控制器面板按钮的功能。

2）Excel 50 控制器的 I/O 端口的接线要清楚，能辨识各自接到什么设备。

3）了解 Excel 500/600 控制器。

三、相关理论及实践知识

（一）直接数字控制器

直接数字控制器（Direct Digital Controller，DDC）又称下位机，它直接与现场设备相连，通过 RS485 总线与计算机连接，计算机监控仪表进行工作，如采样数据读取、设备起动/关闭、手动/自动转换、仪表参数设置等。RS485 总线配置简单，只需一根双芯屏蔽线即可，采用差动式串行传输，抗干扰能力强，数据传输准确。该系统以通用的工控组态软件作为开发平台，能够支持大多数具有通信功能的生产设备，系统扩充十分容易。

"数字"的含义是控制器利用数字电子计算机实现其功能要求；"直接"说明该装置在被控设备的附近，无需再通过其他装置即可实现上述全部测控功能；"控制器"指完成被控设备特征参数与过程参数的测量，并达到控制目的的控制装置。它具有可靠性高、控制功能强、可编写程序，既能独立监控有关设备，又可联网通过通信网络接受中央管理计算机的统一管理与优化管理。

1. 功能

1）对现场设备进行周期性的数据采集。

2）对采集的数据进行调整和处理（滤波、放大、转换）。

3）对现场设备采集的信息进行分析和运算，并控制现场设备的运行状态。

4）实时对现场设备的运行状态进行检查对比，对异常的状态进行报警处理。

5）根据现场采集的数据执行预定的控制算法（连续调节和顺序逻辑控制）。

6）通过预定的程序完成各种控制功能，包括 P 控制、PI 控制、PID 控制、开关控制、平均值控制、最大/最小值控制、焓值计算控制、逻辑运算控制和联锁控制等。

7）对现场的设备执行各种命令（执行时间、事件响应程序、优化控制程序等）。

2. 结构及原理

直接数字控制器（DDC）内部包含了可编程序的处理器，采用了模块化的硬件结构。在不同的控制要求下，可以对模块进行不同的组合以执行不同的控制功能。在系统设计和使用中，主要掌握 DDC 输入/输出的连接。DDC 的输入/输出有以下 4 种：

（1）模拟量输入（AI）　模拟量输入的物理、化学量有温度、压力、流量、液位、空气质量等，这些物理、化学量通过相应的传感器测量并经过变送器转变为标准的电信号，如：0~5V、0~10V、-10V~10V、0~20mA、4~20mA 等。这些标准的电信号与 DDC 的模拟量输入口连接，经过内部的 A-D 转换器变成数字量，再由 DDC 进行分析处理。

（2）数字量输入（DI）　DDC 可以直接判断 DI 通道上的开关信号，并将其转化成数字信号（通为"1"、断为"0"），这些数字量经过 DDC 进行逻辑运算和处理。DDC 对外部的开关、开关量传感器进行采集。一般数字量接口没有接外设或所接外设是断开状态时，DDC 将其认定为"0"；而当外设开关信号接通时，DDC 将其认定为"1"。

（3）模拟量输出（AO）　DDC 对外部信号进行采集，通过 DDC 分析处理后再输出给输出通道。当外部需要模拟量输出时，系统经过 D-A 转换器转换后变成标准电信号，如：0~5V、0~10V、0~20mA、4~20mA 等。模拟量输出信号一般用来控制风阀或水阀。风阀和水阀有气动执行器和电动执行器两种，气动执行器是通过 DDC 输出的模拟量电信号来控制电-气转换器，使其输出对应的气信号来控制的，电动执行器是通过 DDC 输出的模拟量电信号直接控制的。

（4）数字量输出（DO） DDC 对外部信号进行采集，通过 DDC 分析处理后再输出给输出通道。当外部需要数字量输出时，系统直接提供开关信号来驱动外部设备。这些数字量开关信号可以是继电器的触点、NPN 型或 PNP 型晶体管、晶闸管器件等。它们被用来控制接触器、变频器、电磁阀、照明灯等。

（5）适用场所 DDC 系统适用于大多数建筑，如办公大楼、学校、医院、宾馆以及工业建筑等。

大多数楼宇自动化系统，如变风量系统（VAV）、热泵、风机盘管、新风机组空调箱、空气处理系统、通风机系统及附加设备均可连接到 DDC 系统，并可提供安全保护、使用寿命保护、显示、指示灯等信号。

（二）Excel 5000 系统

目前，我国智能建筑中用得较多的楼宇智能控制产品中，大品牌的有霍尼韦尔（Honeywell）、江森、西门子、施耐德、浙江中控、ABB 和清华泰德等。本书就霍尼韦尔的 DDC 进行讲解。

Excel 5000 控制系统是霍尼韦尔公司于 1994 年推出的集散控制系统，它具有开放性和向下兼容性。

Excel 5000 系统包括三个子系统：机电设备控制系统、火灾报警消防控制系统和保安系统，如图 1-3-1 所示。

这三个子系统各自独立工作，均为集散型的分级分布式控制，中央站与分站直接通信，分站与分站之间直接通信，每种分站均可独立工作，而与中央站无关。在中央站的级别上，三个子系统实现无缝集成，用以太网完成信息交换。

```
            ┌──────────────┐
            │ Excel 5000系统│
            └──────────────┘
         ┌────────┼─────────┐
   ┌─────────┐ ┌──────────┐ ┌────────┐
   │ 机电设备 │ │火灾报警消防│ │ 保安系统│
   │ 控制系统 │ │ 控制系统 │ │        │
   └─────────┘ └──────────┘ └────────┘
```

图 1-3-1 Excel 5000 系统

1. Excel 50 控制器

Excel 5000 系列控制器有 Excel 50、Excel 80、Excel 100、Excel 500、Excel 600 等，常用的有 Excel 50 及 Excel 500/600。

Excel 50 控制器可用于两种情况：一是用于内部程序，预先配置的应用程序存储在应用模块内存中，可通过 MMI 或其他外部设备输入指定码进行选择；二是用于由 CARE 软件建立和下载到控制器的应用程序。

Excel 50 控制器有两种型号：一种带人机操作界面（Man-Machine-Interface，MMI），其外形如图 1-3-2 所示，另一种不带人工操作界面。

Excel 50 控制器有 8 个通用模拟输入、4 个通用模拟输出、4 个数字输入（其中有 3 个可用作累加器）及 6 个数字输出，具体的特性见表 1-3-1。

所有的输入和输出都有高达 AC24V 和 AC35V 的过电压保护，数字输出有短路保护。这些输入和输出可采用不同的方式进行通信，如通过 XI584、服务软件或 C-Bus 均可进行程序下载。

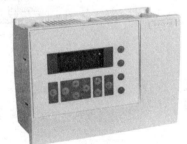

图 1-3-2 Excel 50 控制器

表1-3-1   Excel 50 控制器的输入/输出特性表

类　型	特　性
8 个通用模拟输入	电压：0 ~ 10V 电流：0 ~ 20mA（需外接 499Ω 电阻） 电阻：0 ~ 10bit 传感器：NTC 20kΩ 电阻，−50 ~ 150℃（−58 ~ 302℉）
4 个数字输入	电压：最大 DC24V（小于 2.5V 为逻辑状态 0，大于 5V 为逻辑状态 1）
4 个通用模拟输出	电压：0 ~ 10V，最大 11V，±1mA 电阻：8bit 继电器：通过 MCE3 或 MCD3 控制
6 个数字输出	电压：每个晶闸管输出 AC24V 电流：最大 0.8A，6 个输出一共不能超过 2.4A

2. Excel 50 控制器端口

（1）Excel 50 控制器端口　Excel 50 控制器有两种应用模块：XD50-FCS 和 XD50-FCL。螺纹连接的 XD50-FCS 模块的指示灯和端口如图 1-3-3 所示，指示灯从上至下分别是电源灯 POWER（绿色）、Meter Bus TxD（黄色）、C-Bus TxD（黄色）、C-Bus RxD（黄色）和 Meter Bus RxD（黄色）；中间有一个 C-Bus 终端开关；下面有一个 C-Bus 端口。

（2）Excel 50 控制器的 I/O 端子口　Excel 50 控制器的 I/O 端子口如图 1-3-4 所示，图 1-3-4a 为 1 ~ 14 端口，图 1-3-4b 为 15 ~ 48 端口。

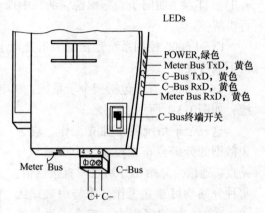

图 1-3-3　XD50-FCS 模块的指示灯和端口

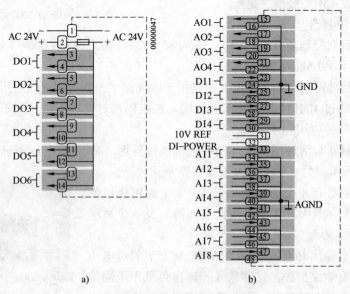

a)   b)

图 1-3-4　Excel 50 控制器的 I/O 端子口

a) 1 ~ 14 端口　b) 15 ~ 48 端口

1）DO 点。连接方式最简单,直接连接 3-4（DO1）,5-6（DO2）、7-8（DO3）、9-10（DO4）、11-12（DO5）、13-14（DO6）即可。

2）AO 点。如果不需要外加电源的话,可直接连接 15-16 或 15-1（AO1）、17-18 或 17-1（AO2）、19-20 或 19-1（AO3）、21-22 或 21-1（AO4）;如果需要外加电源的话,则应该按如下方法连接:15-2（AO1）、17-2（AO2）、19-2（AO3）、21-2（AO4）。

3）DI 点。DI 点分无源触点和有源触点。

◆ 无源触点,连接 23-32（DI1）~29-32（DI4）。

◆ 有源触点,则应连接 23-24（DI1）、25-26（DI2）、27-28（DI3）、29-30（DI4）。

4）AI 点。AI 点有四种连接方式:

◆ 无源传感器（如 NTC）,连接 33-34（AI1）、35-36（AI2）、37-38（AI3）、39-40（AI4）、41-42（AI5）、43-44（AI6）、45-46（AI7）、47-48（AI8）。

◆ 有源传感器,则连接 33-1（AI1）~47-1（AI8）。

◆ 需要外加电源的有源传感器,连接 33-2（AI1）~47-2（AI8）。

◆ 当 AI 点用作 DI 点时,连接 33-31（AI1）~47-31（AI8）。

3. Excel 50 控制器面板操作

(1) 面板 操作面板、键盘和显示屏合并为一体,有 8 个基本功能键和 4 个快捷键,如图 1-3-5 所示。

(2) 功能

1）基本功能键的功能:

Ⓒ取消或退出上一级菜单;▲光标上移;▼光标下移;◀光标左移;▶光标右移;+增加数值,每按一次增加 1;−减小数值,每按一次减小 1;↵回车确定键。

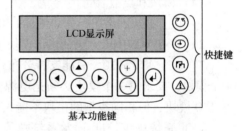

图 1-3-5 Excel 50 控制器面板

2）快捷键功能:

显示当前 Plant 状态;进入时间程序,输入密码可修改时间程序的设置;进入屏幕,输入密码可显示数据点和参数;显示报警信息。

3）操作:

复位:同时按下▼及−可进行复位,复位后在 DDC 中的 RAM 中的数据和配置码会全部丢失。

密码程序:和程序是不需要密码的,而和需要密码。

当输入优先级别 3 的密码后,就可以修改优先级别 3 和优先级别 2 的密码,将光标移到 CHANGE 处确认后即可修改。注意:优先级别 2 的默认密码是 2222,优先级别 3 的默认密码是 3333。

4. Excel 500/600 控制器

(1) 简介 Excel 500/600 控制器可根据建筑管理需要自由编制监控系统,适用于中等容量的建筑物,如学校、酒店、写字楼、购物中心和医院等。Excel 500/600 控制器不仅可以监控加热、通风、空调等系统,还可以实现能源管理,包含优化起停、最大负载要求等,可通过系统总线连接最多的建筑管理员。Excel 500 控制器有 LonWorks 总线,与霍尼韦尔公司约 1/3 的设备具有互用性，其外形图如图 1-3-6 所示。

（2）通信方式　开放式的 LonWorks 总线（只适合 Excel 500 控制器）和 C-Bus 总线（适合于 Excel 500/600 控制器）；采用调制解调器或 ISDN 终端适配器可达到 38.4kbaud，可通过 TCP/IP 网络拨号上网。

分布式 I/O 模块是 LonMark 认可的，因此可独立用于 Excel 500 控制器的 LonWorks 网络，分布式 I/O 模块可通过 Excel 500 控制器 C-Bus 网络或 LonWorks 网络操作。

图 1-3-6　Excel 500 控制器外形

（3）控制器容量

1）Excel 500 系统可通过霍尼韦尔公司 C-Bus 网络或 LonWorks 网络提供能量管理和控制功能，监控功能可通过可编程的 16 位微处理器数字技术实现。

2）Excel 500（XCL5010）控制器用于分布式 I/O 模块，采用 LonWorks 总线通信。

3）Excel 500 系统可自由编程，既可用作单机控制器，也可用作网络的一部分，通过 C-Bus 网络可连接最多 30 个控制器，速率范围为 9.6 ~ 76.8kbaud；还可作为开放式 LonWorks 网络的一部分。

（4）模块和点数容量

1）在 C-Bus 网络中，每个 Excel 500/600 控制器系统可控制最多 16 个分布式 I/O 模块。

2）对于 XC5010C，包括内部模块和分布式模块，总共可支持 16 个模块。

3）对于 XCL5010，只能支持分布式模块，最多 5 个箱体（housings），每个箱体可放置 4 个模块，要求第 1 个模块必须是电源模块，第 4 个模块必须是 CPU 模块，最多可扩展 16 个 I/O 模块，但相同类型的模块不能大于 10 个，且最多 128 个物理点、256 个伪点。

（5）系统总线长度　通常系统总线最长可达 1200m，如果超过这个长度，可采用转发器 XD509。

（6）其他特性

1）Excel 500 控制器的应用程序可通过 CARE 编程并下载到 Flash EPROM 中。

2）采用金制电容器缓冲内存，断电后可维持大约 72h。

3）外部 MMI、调制解调器、ISDN 适配器、GSM 适配器或 TCP/IP 调制解调器均可通过控制器串行口连接。

4）通信模块可提供 C-Bus 和 LonWorks 总线连接，用 LED 指示控制器操作状态、发送状态和接收状态。

5）每个模块上有一个电源灯 L1 和一个服务灯 L2，L2 指示总线节点的当前状态。

6）ON 表示没有载入应用程序，BLINKING 表示载入了应用程序但没有配置，OFF 表示载入了应用程序并已经配置。

5. 内部模块

（1）介绍

1）Excel 500/600 控制器内部模块由 CPU 模块 XC5010C（Excel 500 控制器）或 XC6010（Excel 600 控制器）、电源模块 XP501 或 XP502 及输入/输出模块组成。

2）XF521、XF522、XF523 和 XF524 模块是数字和模拟 I/O 模块，是 Excel 5000 系统的一部分，这些模块可以将传感器输入进行转换，也可以提供适用于执行器的输出信号。

3）输出模块 XF522A、XF524A 和 XF525A 的一个重要功能特性是具有完整的人控功能，可通过模块直接控制设备和执行器，而输出模块 XF527 和 XF529 则没有手控开关，是通过变量控制。输入/输出状态都通过 LED 指示。具体的内部模块见表 1-3-2。

表 1-3-2　内部模块

模　块	描　述
XC5010C	Excel 500 控制器 CPU 模块（对分布式 I/O 是必需的）
XC5210C	Excel 500 大型 RAM
XC6010	Excel 600 控制器 CPU 模块
XP501/502	电源模块
XD505A/508	C-Bus 通信子模块
XDM506	通信子模块的调制解调器
XF521A/526	模拟输入模块
XF522A/527	模拟输出模块
XF523A	数字输入模块
XF524A/529	数字输出模块
XF525A	三状态输出模块

（2）模块特性　各模块的特性见表 1-3-3。

表 1-3-3　各模块的特性

模块名称	模块特性	模块图示
CPU 模块 XC5010C/XC5210C	1）东芝 TMP93CS41F 16 位微处理器 2）总容量为 1.28 MB，其中 2×512 KB Flash EPROM 和 2×128 KB RAM 3）6 个操作状态指示灯 4）对 MMI 采用 RS232 端口，用调制解调器或 ISDN 终端适配器通信 5）对 C-Bus 采用 RS485 通信 6）数据缓冲器采用金制电容器 7）具有看门狗功能 8）采用 3120 神经元芯片 9）有 LonWorks 服务按钮和 LED	
CPU 模块 XC6010	1）Intel® i960 32 位微处理器 2）总容量为 1.536MB，其中 2×512KB EPROM，4×128KB RAM，1×256KB Flash EPROM 3）6 个操作状态指示灯 4）对操作界面采用 RS232 端口连接 5）对 C-Bus 采用 RS 端口 6）缓冲电池可保存 30 天 7）有复位按钮 8）具有看门狗功能	

(续)

模 块 名 称	模 块 特 性	模 块 图 示
电源模块 XP501/502	1）通过内部总线给模块提供电压 2）可连接 UPS 3）有 3 个操作状态指示灯 4）具有看门狗功能	
模拟输入模块 XF521A/526	1）8 个模拟输入（AI1 ~ AI8），有下面几种输入形式：DC0 ~ 10V、0 ~ 20 mA（通过外界 500Ω 电阻获得）、4 ~ 20 mA（通过外界 500Ω 电阻获得）、NTC 20kΩ 和 PT 1000（－50 ~ 150℃）。对于 XF526，只有下面几种输入形式：PT 1000（0 ~ 400℃）、PT 3000、PT 100、Balco 500 2）保护输入高达 DC 40 V/AC 24 V 3）12 位分辨率 4）CPU 轮流检测时间：XC5010C：1s；XC6010：250ms	
模拟输出模块 XF522A/527	1）8 个模拟输出（AO1 ~ AO8），有短路保护 2）信号级别为 DC 0 ~ 10V，最大电压 DC 11V，最大电流 ±1mA 3）保护输出电压高达 DC 40V/AC 24V 4）8 位分辨率 5）零点小于 200mV 6）输出电压精度小于 ±150mV 7）每个通道有一个指示灯，发光强度与输出电压值成正比 8）CPU 控制更新时间：XC5010C：1s；XC6010：250ms	
数字输入模块 XF523A	1）12 个数字输入（DI1 ~ DI12） 2）开关条件：$U_i \leqslant 2.5V$ 为 OFF，$U_i \geqslant 5V$ 为 ON 3）每个通道一个状态 LED，常开/常闭可设置 4）有 DC 18V 辅助电压源 5）CPU 轮流检测时间：XC5010C：1s；XC6010：250ms	
三状态输出模块 XF525A	1）3 个三状态继电器 2）最大负载：AC 24V 时 1.2A，AC 240V 时 0.2A 3）每个通道两个 LED，绿色表示伺服电动机关闭，红色表示伺服电动机打开	

四、任务实施

1) 去实训室认识实物 Excel 50 控制器，认识其面板结构及演示面板上的功能键及快捷键的操作。

2) 演示操作：Excel 50 控制器与被控设备的接线，体现出 AO、AI、DO、DI 的区别。

五、问题

1) 若将热敏电阻的温度作为 Excel 50 控制器的输入，应连接 I/O 中哪种端口？

2) 如何查询当前项目的时间程序？

3) 若将开关作为 Excel 50 控制器的输入，应如何连接？用 Excel 50 控制继电器线圈是否得电，应如何连接？

任务四　组态软件 CARE 的基本操作

一、教学目标

1) 认识 CARE 软件，学会基本操作。

2) 熟悉建立程序的基本步骤，并能操作。

3) 会绘制简单的原理图。

4) 理解控制策略、开关逻辑及时间程序的功能，并能编制简单的程序。

二、学习任务

1) 熟悉 CARE 软件的编程环境。

2) 根据具体的要求，建立程序、建立控制策略、开关逻辑及时间程序等。

3) 根据程序，把 DDC 的 I/O 口与现场设备进行连接，对程序进行在线测试。

三、相关理论知识

(一) CARE 软件简介

霍尼韦尔公司的 CARE 软件为 Excel 5000 系列控制器创建数据文件和控制程序提供了图形化的工具。

1. 基本概念

(1) 设备（Plant）

1) 一个设备是一个被控系统，例如空调机、锅炉、冷冻机。

2) CARE 软件的所有功能是基于设备的。

3) 一个 DDC 可以包含一个或多个设备，取决于 DDC 点的数量。

(2) 点（Point）

CARE 软件中常用六种类型的点，关于点的颜色及箭头表示含义见表 1-4-1。

1) 模拟输入点（AI）。

2) 数字输入点（DI）。

3）模拟输出点（AO）。

4）数字输出点（DO）。

5）伪点（Pseudo Point）：可分为数字、模拟、累加伪点三种类型。

6）全局变量（Global Point）：用于控制传输。

表 1-4-1　点的颜色及箭头方向的含义

箭头颜色	箭头三角形方向	符　号	点的类型
绿色	向下	–	数字输入（DI）或累加器
红色	向下	0	模拟输入（AI）
蓝色	向上	–	数字输出（DO）
紫色	向上	0	模拟输出（AO）
淡蓝色	向上	/	Flex[①]

①Flex 点表示一个或多个物理点，通过操作终端可分配和显示相关的物理点和数值。Flex 点的类型有 Pulse2、Multistage 和 DO 及 DI。

Excel 50、Excel 80、Excel 100、Excel 500、Excel 600 和 Excel smart 控制器（Controllers）根据控制器存储容量及点数的多少可以包含一个或多个设备（Plants）。

（3）工程（Project）　一个工程即一个项目。

（4）控制器（Controller）　控制器可以选择 Excel 50、100、500 等。

图 1-4-1 所示为一个带有 4 个设备与 3 个控制器的项目。一个控制器可以包含多个设备，但同一个设备不能分配给多个控制器。

（5）设备原理图（Plant Schematics）　为每一个设备创建一个原理图，如图 1-4-2 所示。一个设备原理图是若干段的组合，这些段表示出设备中各组件以及它们是如何安排的。段（Segment）是一个控制系统以及其他设备的组成元件，元件包括传感器、状态点、阀门等。CARE 提供一个宏库，它有预定义元件和设备。

（6）控制策略（Control Strategy）　建立了一个原理图之后，就可以创建控制策略。控制策略根据具体情况、数据计算或时间表来作出决策，控制可由控制器的模拟点、数字点或软件点完成。

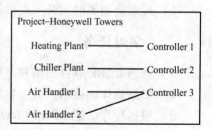

图 1-4-1　带有 4 个设备与 3 个
控制器的项目

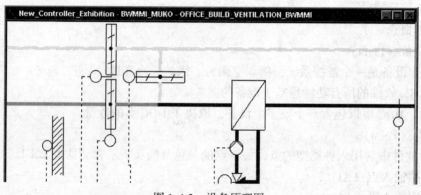

图 1-4-2　设备原理图

CARE 软件提供了标准控制算法，如：PID、最小值、最大值、平均值、A-D、D-A 运算等，如图 1-4-3 所示。

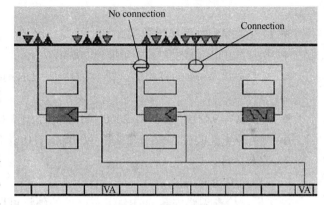

图 1-4-3　CARE 软件标准控制算法界面图

（7）开关逻辑（Switching Logic）

除了增加控制策略以外，还能为原理图增加开关逻辑用于数字量控制，例如切换状态。开关逻辑基于逻辑表，建立逻辑与、或、非等。例如一个典型的开关逻辑顺序可能是：在送风机起动之后延迟一段时间后再起动回风机，如图 1-4-4 所示。

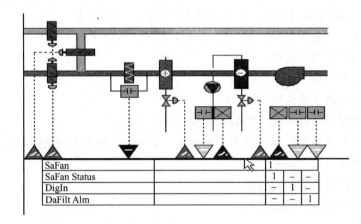

图 1-4-4　开关逻辑界面图

（8）时间程序（Time Programs）

1）可以建立时间程序控制设备在一天内的开关次数。

2）定义日程表（平时、周末、假日）和周程表。

3）一个控制器最多有 20 个时间程序（Time Program）。

4）每周时间程序（Weekly Program）指定每日时间程序（Daily Program）。

5）假日时间程序（Holiday Program）。

6）每个时间程序只能有一个每周时间程序。

（9）关系图　CARE 软件的项目（Project）、控制器（Controller）与设备（Plant）之间的关系如图 1-4-5 所示。

2. CARE 软件的安装

1）硬件要求。

◆ 最小 Pentium PC133MHz（推荐 333MHz 以上）。

◆ 支持最少 1024x768 像素的主板和

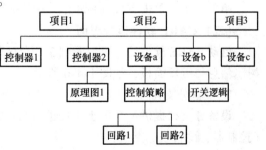

图 1-4-5　项目、控制器与设备之间的关系

彩显。

◆ 最少 32MB 内存（推荐 128MB）。

◆ 最少 100MB 的硬盘空间（推荐 200MB）。

◆ 支持微软 Word 的打印机（推荐使用 HP LaserJet）。

2）软件要求。

◆ 微软 Win 98/ME/NT4.0/2000 操作系统，IE4.01（推荐使用 IE5.0）

◆ 为获得更好的打印效果，使用 WinWord7.0 以上版本

3）安装步骤。

第一步：启动 Windows。

第二步：检查需要安装 CARE 组态软件的硬盘可用空间大小。

重要提示：如果已经有一个 CARE 目录，首先备份 CARE 数据库和元件库，然后复制特有的 PIC 和 XFM 文件及 PCBSTD 目录下的默认文件到安全的地方。

第三步：启动 CARE 组态软件第一张安装盘里的 SETUP. EXE。

结果：出现一个欢迎对话框。

第四步：单击下一步（Next）继续。

结果：出现授权协议对话框。

第五步：仔细阅读授权协议，然后单击确认（Yes）。

第六步：保留默认的安装路径或者单击浏览（Browse）并选择希望的安装目录。

第七步：单击下一步（Next）。

结果：出现选择要安装的组件对话框。

第八步：选择希望安装的组件。

注意：为了使用 ASPECD 和 RACL 编辑器，需要另外注册授权。

第九步：单击下一步（Next）继续。

结果：出现选择安装的组件。

第十步：如有必要，编辑选择的组件名，或者直接单击下一步（Next）确定。

第十一步：出现所有选择安装的组件。

第十二步：单击下一步（Next）继续。

结果：开始安装选择的组件。安装程序会自动备份 CARE. INI 文件和 WINNT 目录。

第十三步：单击完成（Finish）关闭安装。

（二）CARE 软件运行界面

启动 CARE 软件后，可以看到 3 个分区的 CARE 软件界面：设备分支树、网络结构分支树、信息与编辑面板，如图 1-4-6 所示。

1. 设备分支树

设备分支树提供一个关于工程逻辑结构的总的轮廓，包括管理、组织工程中用到的组件（控制器、设备表、点位）。

设备逻辑树的图标含义如下：

🏰：工程（最多一个）。

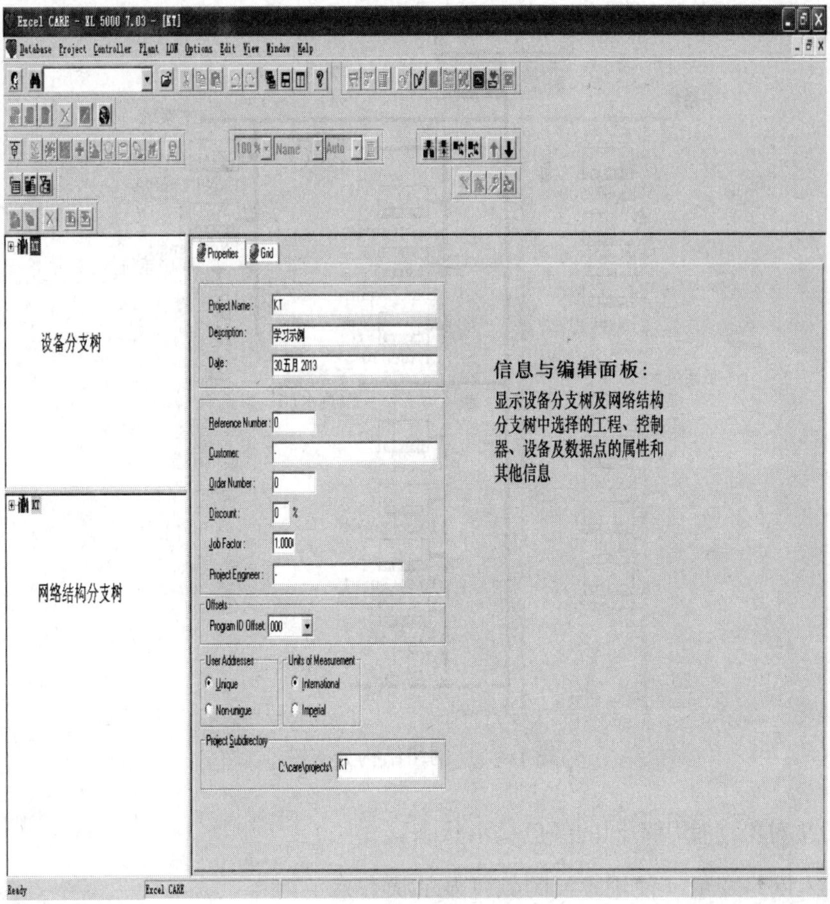

图 1-4-6　CARE 软件界面

- 📟：控制器。
- 〰：设备表。
- 🔩：点类型。
- ✏：单个点。

2. 网络结构分支树

网络结构分支树提供一个关于工程的总线系统和网络结构的总的轮廓，包括管理、组织工程中用到的网络组件（C-Bus 控制器、LON 装置、LON 对象等），如图 1-4-7 示。

一个工程可以使用多个不同的总线类型（C-Bus、LON-Bus 等）来构建网络。

网络结构分支树中图标的含义如下：

- 🏛：工程
- 🎙：总线类型
- 🐾：LON-channel（LON 通道）。
- 🗃：用户定义的默认的系统或子系统。
- 🖳：LON 设备（使用不同的颜色显示状态）。

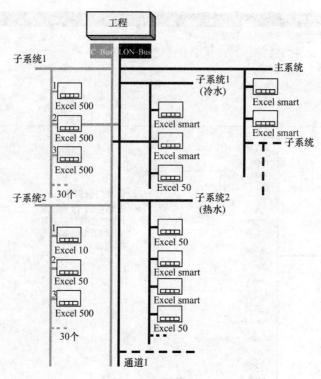

图 1-4-7　网络结构分支树

![]: LON 对象（使用不同的颜色显示状态）。

![]: 输入网络变量（使用不同的颜色显示状态）。

![]: 输出网络变量（使用不同的颜色显示状态）。

![]: 构造的输入网络变量。

![]: 构造的输出网络变量。

![]: 标准属性配置类型（SCPT）/用户自定义的配置类型（UCPT）。

![]: 控制点之间或网络变量（NV）之间的连接。

![]: 连接控制器。

网络结构分支树中显示两种基本的总线类型：C-Bus 和 LonWorks。

每个总线都默认的分级，允许按照建筑物中的网络组件的实际分布来安排结构。

C-Bus 目录下包括一个默认的 C-Bus 1 子目录。再创建子目录的话会自动按数字递增生成。C-Bus 子目录显示实际的工程 C-Bus 网络结构以及包含的控制器。

> **注意**：子目录名可以选择备选名，也可自由编辑。例如，默认的 C-Bus1 子目录可以命名为 Area 1 或 Block A。

LonWorks 目录显示 LON-Bus 的网络界面，默认地被分成实际部分——Channels（通道）和 逻辑部分——Default System（默认系统）。

通道目录包括一个默认的 Channel_1 子目录，可以创建其他的通道并可自由编辑。在通道目录下，通道的布局显示出使用的物理媒介如双绞线，并列出其下连接到通信线上的所有 LON 设备。

Default System（默认系统）体现 LON-Bus 结构，能提供 LON 装置、LON 对象、网络变量等必要功能。通常包含以下组件：

◆ LON 装置。

◆ LON 对象。

◆ NV（网络变量）。

◆ SCPT（标准属性配置）。

提示：默认系统和子系统还可以有下级子系统，命名为"默认系统"和"子系统"是做一个范例，用户能自由编辑。

在网络结构分支树中单击想查看的部分（工程、子系统、LON 装置、LON 对象、网络变量），可以在右边面板中查看和编辑相应的属性。

3. 设备分支树与网络结构分支树间的关联

在工程设计过程中，为工作方便，可以同时操作设备分支树和网络结构分支树。

在设备分支树中创建一个控制器后，系统将自动在网络结构分支树中创建另外 3 个控制器，即 C-Bus 目录一个、通道目录一个、默认系统目录一个。

这样，不管在设备分支树中还是在网络结构分支树中双击一个控制器，这个控制器的端子分配表在两个树中的都会激活。选中的控制器在两个树中的相应位置呈现黄色。

单击" + "、" – "能够展开和收缩显示的目录树的大小。

4. 信息与编辑面板

在设备分支树和网络结构分支树中选择不同的项目，会在右边的信息与编辑面板中出现不同的界面，显示用户选择的项目的属性信息。例如：它能显示一个工程的名字、客户、计量单位等信息，它也能显示一个选定的控制器的端子分配情况。

5. CARE 主窗口描述

（1）CARE 窗口的组成部分以及菜单栏功能

1）标题栏：Excel CARE 的标题可根据不同选择变为 Project、Plant 或 Controller 名。

2）菜单栏：只启动 CARE 数据库时，只有 Project 和 Help 菜单。在典型的窗口应用中，当执行各自的动作后可获得其他菜单。

3）按钮栏：按钮栏提供了快速进入不同 CARE 功能的途径。

4）中间区域：中间区域是操作者工作区域。当选择 Project、Plant 和 Controller 时，相应的窗口将出现在此区域。"对话框"也在此区域显示，为操作者提供信息或进行信息提示。

5）状态栏：状态栏有 4 个区域用于显示与当前菜单项、Project、Controller、Plant 有关的活动或描述信息。

6）开多个窗口：选择多个 Project、Plant 或 Controller 时，将打开多个窗口。这些窗口均出现在屏幕中间。

7）灰色菜单项：下拉菜单项中不能使用的项为灰色。例如，已选择的 Plant 还没有绘制原理图，则控制策略和开关逻辑项为灰色，即非活动的。在设计控制策略或开关逻辑之前必须绘制原理图。

（2）菜单

1）Database 菜单项：Database 菜单项提供 CARE 数据库控制功能。

◆ Select：从数据库中的 Project、Plant、Controller 中选择对象。

◆ Delete：从数据库中的 Project、Plant、Controller 中删除对象。

◆ Print：打印 Plant 报告，包括 Project 信息、Plant-Controller 分配、原理图、控制回路、开关表和终端等。

◆ Import：提供两个下拉项（Controller 和 Element Library），复制 Controller 和 Element 文件到 CARE 数据库。

◆ Export：提供两个下拉项（Graphic 和 Element Library），Graphic 的功能是建立原理图、控制策略和开关逻辑表的 Windows 后续文件，Element Library 的功能是建立一个在其他 CARE PC 中随元件库输出的元件文件。

◆ Backup，Restore：备份、恢复 CARE 数据库。

◆ Default Editor：为一特定区域编制默认值。修改文件建立完后可将其用于 CARE PC 建立的任何 Project 中。

2）Project 菜单项：Project 菜单项提供单个 Project 的控制功能。

◆ New：定义一个新的 Project。

◆ Rename：更改 Project 名。

◆ Rename User Addresses：更改用户地址。

◆ Check User Addresses：检测用户地址及控制器名是否唯一。

◆ Information：显示 Project 信息对话框，包含参考号、客户名、序列号，可利用对话框修改 Project 信息。

◆ Backup，Restore：备份、恢复所选 Project。

3）Controller 菜单项：Controller 菜单项提供用于单个 Controller 的控制功能。

◆ New：定义一个新的 Controller。

◆ Rename：更改 Controller 名。

◆ Copy：复制当前选择的 Controller 来建立一个新的 Controller。

◆ Information：显示 Controller 信息对话框，包含 Controller 名、序列和类型。

◆ Summary：显示当前所选 Controller 的摘要对话框。

◆ Translate：将 Plant 信息编译成适合 Controller 的格式。Plant 编译常在对各种信息编辑完后进行。

◆ Up/Download：启动上传/下载工具。

◆ Edit：提供下拉项来修改当前所选 Controller 及与 Controller 相连的 Plant 的数据。Plant 必须与 Controller 相连才能进行文件编辑。

◆ Tools：提供下拉项选择 CARE 附加工具。

4）Plant 菜单项：Plant 菜单项提供用于单个 Plant 的控制功能。

◆ New：定义一个新的 Plant。

◆ Rename：更改 Plant 名。

◆ Copy：复制当前 Plant 来建立一个新的 Project。

◆ Replicate：复制 Plant，可以设置复制的次数及文件名。

◆ Information：显示 Plant 信息对话框，包含 Plant 名、类型、OS 版本号和工程单位，可修改 OS 版本号和工程单位。

◆ Backup，Restore：备份、恢复所选的 Plant。

◆ Schematic：显示 Plant 原理图窗口或修改 Plant 原理图。

◆ Control Strategy：显示控制策略窗口或修改 Plant 控制策略。

◆ Switching Logic：显示开关逻辑窗口或修改 Plant 开关逻辑。

5）Windows 菜单项：Window 菜单项为显示窗口提供标准的窗口控制功能。

◆ New Window：打开当前已选窗口的副本，副本窗口与原窗口标题一样，只是附加了数字2。

◆ Cascade：采用层叠方式在屏幕上显示所有打开的窗口。

◆ Tile：采用缩小窗口尺寸的方式在屏幕上显示所有打开的窗口。

◆ Arrange Icons：在窗口下面排列图标，当使 Project、Plant、Controller 窗口最小化时，每个都以图标方式显示。

6）Help 菜单项：Help 菜单项提供在线帮助功能。

◆ Index：索引。

◆ Index Using Help：显示在线帮助文件的第一个屏幕。

◆ About CARE：显示有关 CARE 管理者对话框，包括软件版本序列、版本号、可获得的内存、是否有数学协处理器、可用硬件空间数量等。

（3）按钮栏　图标含义如下：

: 打开 Project、Plant 或 Controller。　　: 启动 Plant 原理图功能。

: 启动 Plant 控制策略功能。　　: 启动 Plant 开关逻辑功能。

: 将 Plant 与当前选择的 Controller 相连，
或将 Plant 从当前选择的 Controller 分离。

: 启动数据点编辑器。　　: 启动时间程序编辑器。

: 启动默认文本编辑器。　　: 启动搜索模板功能。

: 启动编译功能。　　: 启动 CARE 仿真软件。

: 启动上传/下载工具。　　: 启动 X1584 软件。

: 启动终端分配功能。　　: 显示 CARE 管理者对话框，包括软件版本序列以及软件相关的信息。

（三）程序设计的基础步骤

第一步：创建工程。

第二步：创建控制器。

第三步：创建设备。

第四步：创建设备原理图。

第五步：修改数据点。

第六步：手动分配数据点到控制器。

第七步：设计控制策略。

第八步：设计开关逻辑。

第九步：创建时间程序。

第十步：设计、配置 C-Bus 网络。

第十一步：在网络树中创建、布置控制器。

第十二步：授权控制器/LON 装置。

第十三步：连接控制器。

第十四步：编译控制器。

第十五步：下载到控制器。

1. 创建工程

目的：定义工程名、密码以及参考码、客户名、订购序号等信息。这些信息会出现在最终的工程中，查看和修改工程需要输入密码。

步骤：

1）单击 CARE 菜单栏中 Project 的下拉菜单 New。

结果：出现创建新工程对话框。

2）填写必要信息。有些地方是默认的，点图会出现相应说明。详细信息填写参照图 1-4-8 所示。

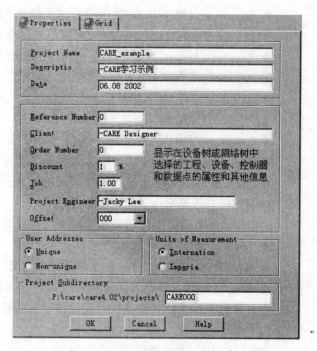

图 1-4-8 详细信息对话框

3）填写完所有信息，单击 OK（或按 Enter）关闭对话框。

结果：出现编辑工程密码对话框。每个工程都可以有单独的密码（可选）。

提示：没有必要一定要设定密码。

4）如需要，键入密码。最多 20 个字符，可以使用数字、字母和特殊符号如逗号等的任意组合。

> **注意**：如果用户设定了密码，务必记好密码。没有密码，任何人都不能打开并编辑这个工程。

5）在编辑工程密码对话框中单击"OK"。

结果：工程被创建并出现在设备分支树和网络结构分支树中。在右边的信息与编辑面板中，显示工程的属性。

6）按照下文"创建控制器"的描述继续创建一个控制器。

2. 创建控制器

目的：创建一个新的控制器。每个控制器就对应一个现场的 DDC 柜，创建的设备必须放在控制器里才有效。

步骤：

1）在设备分支树中单击选中工程。

2）单击"Controller"下拉菜单"New"，或者在设备分支树中单击在菜单中选创建控制器。

结果：出现新建控制器对话框。

3）键入控制器名字（Controller Name）（在工程中必须是唯一的）。如，CONT02。

4）切换到 C-Bus 名字栏（C-Bus Name）。用户可以选择一个放置控制器的子目录。系统默认创建一个名为"C-Bus 1"的目录。

5）切换到控制器编号（Controller Number）。系统会自动按创建顺序从 1 开始编号，如想修改编号，单击"Change Number"用上下方向键在 1~30 间选择一个编号（编号在工程中必须是唯一的）。如，选编号为 1。

6）切换到控制器类型（Controller Type）。单击下拉菜单选择合适的控制器类型（Excel 100、Excel 80、Excel 50、Excel 500、Excel 600、Excel Smart、ELink）。

7）切换到控制器系统版本 Controller OS Version（运行在控制器中的操作系统版本）。保留当前版本或者单击下拉菜单选择相应的版本。

8）切换到国家代码（Country Code）。选择一个国家代码，如选择"PR China"。

9）切换到默认文件设置（Default File Set）。根据所选的控制器操作系统版本选择合适的默认文件。选中的默认文件会有一个简短的描述。

10）切换到计量单位（Units of Measurement）。选择使用国际标准单位（公制）或者国家标准单位。

11）切换到供电电源（Power Supply），选择合适的电源模块类型。供电电源选择只适用于 Excel 500 和 Excel 600 控制器。

12）切换到安装类型（Installation Type）。默认选择是一般安装（Normal Installation）。如果控制器有高密度的数字输入，选择方格式安装（Cabinet Door Installation）。安装类型选择只适用于 Excel 500 和 Excel 600 控制器。

13）切换到电线类型（Wiring Type），选择合适的类型（螺旋线接头或扁平电缆线）。电线类型选择只适用于 Excel 50 控制器。

14）切换到 LON（只适用于 Excel 500 OS 版本 2.04 的控制器）选择合适的配置。

选择共享/开放式 LON I/O（Shared/Open LON I/O）指在一条 LON-Bus 上或者开放式 LON 装置集成的总线上可以连接多个具有分布式 I/O 模块的控制器。

提示：这种配置下，控制器必须包含 3120E5LON 芯片。在共享配置下，分布式 I/O 模块可以是 XFL521B、XFL522B、XFL523B 和 XFL524B。

选择本地（Local），指在一条 LON-Bus 上只能连接一个具有分布式 I/O 模块的控制器。

提示：控制器包含 3120E5LON 芯片或者包含 3120B1LON 芯片的更早的控制器时，使用这种配置。在本地配置下，分布式 I/O 模块可以是 XFL521、XFL522A、XFL523 和 XFL524A。

15）单击"OK"。

结果：一个新的控制器被创建，在以下 4 个地方出现：设备树一个、C-Bus 目录下一个、通道目录下一个、默认系统目录下一个。

在右面的信息与编辑面板中，出现控制器属性，如图 1-4-9 所示。

3. 创建设备

目的：定义设备名、选择设备类型和I/O类型以及预先规定放在某个控制器。

依附与解除设备：一个设备自动地依附到选定的控制器。选择工程而不选中控制器，可以创建一个未依附的设备。一个设备能够通过拖拽到希望的地方（控制器、工程）来使其依附或重新依附到控制器或工程上。

步骤：

1）在设备分支树中选中想要依附到的控制器。

2）单击设备（Plant）下拉菜单"New"，或者右击在出现的菜单中选创建设备（Creat Plant）。

结果：出现新设备对话框。

3）在名字栏键入设备名（在一个工程中，新设备名不能和已存在的设

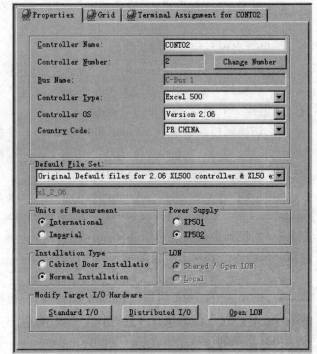

图1-4-9　控制器属性对话框

备名重复）。设备名最多30个字母和数字符号，不能有空格，第一个字符不能是数字。

4）从设备类型下拉菜单中选择合适的类型：

◆ 空调（Air Conditioning）：空气处理或风机系统。

◆ 冷冻水系统（Chilled Water）：冷却塔、冷却水泵、冷冻水泵、冷冻机等。

◆ ELink：描绘Excel 10控制器系统点的块。

◆ 热水系统（Hot Water）：热水锅炉、热水换热器以及热水系统等。

5）单击"OK"。

结果：一个新的设备被创建并自动粘附到控制器上。新的设备出现在设备分支树中并在右边的信息与编辑面板中出现设备属性，如图1-4-10所示。

6）如有必要，按下面介绍编辑设备属性。

7）从设备操作系统版本（Plant OS Version）下拉菜单中选择需要的版本。这个版本是设备所粘附的控制器的操作系统版本。如果你是在某个创建好的控制器下创建设备，设备属性中本项将不可改变，显示设备所在控制器OS版本。

8）从默认的文件设置下拉菜单选择需要的默认文件编辑器。

9）在计量单位（Units of Measurement）选项中选择合适的计量单位类型：国际标准单位（International）和英制单位（Imperial）。比如摄氏温标与华氏温标。国际标准单位不适用于ELink应用软件。

还有关于设备复制、重命名的问题，操作起来较简单，在此不再详细介绍。

4. 创建设备原理图

目的：提供对整个系统的控制关系。为了对设备实现较好的控制效果，需要一定数量的

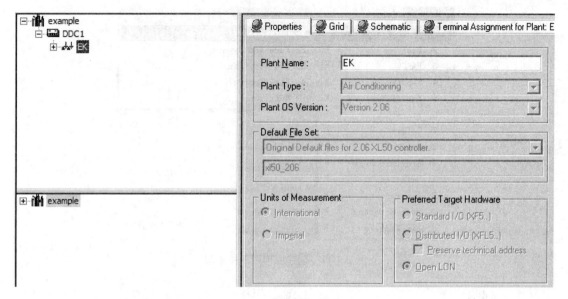

图 1-4-10 创建新设备

数据点。数据点在画图形化设备原理图时自动创建，或者不使用图形快速创建。设计中两种方法结合使用。

画设备原理图：在画设备原理图的同时就规定了设备的原理结构以及相互的连接关系。一个设备原理图就是诸如锅炉、加热器、水泵等若干个图形化片段的组合。片段由诸如传感器、状态点、阀门、水泵等组成。每个片段都包含一定数量为达到最好控制效果所必需的数据点。

创建非图形化的 HW/SW 点：与画设备原理图一样，使用创建 HW/SW 能快速创建非图形化数据点。它既可以创建硬件点，也可以创建软件点。

步骤：

（1）画设备原理图

1）在设备树中选择设备（Plant）。

2）单击 Plant 下拉菜单原理图（Schematic）。

结果：出现原理图主窗口。

3）单击片段（Segments），选择下拉菜单中想插入的组件，如图 1-4-11 所示。

4）按照下面顺序选择相应的菜单来创建一个简单的设备原理图，如图 1-4-12 所示。

◆ Dampers/Outside，Return and Relief/Mixing Damper/No Minimum Damper（风阀/新风、回风、排风/混合风阀/无最小调节）。

◆ Sensor/Temperature/Mixed Air（传感器/温度/混合风）。

◆ Safeties/Freeze Status（生命安全/防冻开关）。

◆ Filter/Outside, Mixed or Supply Air Duct/Differential Pressure Status（滤网/室外、混合风、送风管/差压开关）。

◆ Coil/Hot Water Heating Coil/Supply Duct/3-Way Valve/No Pump（盘管/热水盘管/送风管/3 向阀/不显示泵）。

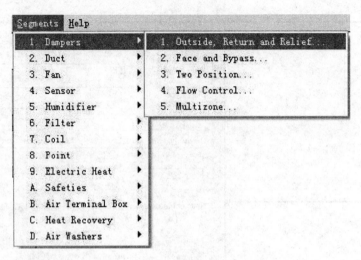

图 1-4-11　创建原理图下拉菜单

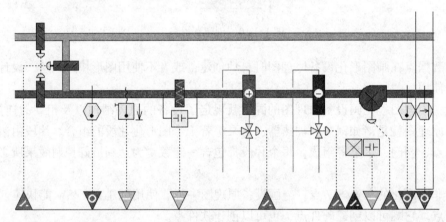

图 1-4-12　绘制设备原理图

◆ Chilled Water Cooling Coils/Supply Duct/3-Way Valve/No Pump（冷水盘管/送风管/3 向阀/不显示泵）。

◆ Fan/Single Supply Fan/Single Speed with Vane Control/Fan and Vane Control with Status（风机/送风机/可变频调速/带状态点的变频调速风机）。

◆ Sensor/Temperature/Discharge Air Temp（传感器/温度/送风温度）。

◆ Sensor/Pressure/Supply Duct Static（传感器/压力/送风管静压）。

5）完成绘图，单击 File，选中"End"。

结果：设备中有关的数据点出现在设备分支树中。

6）如有必要，继续添加非图形化 HW/SW 点到原理图中，请参照下文"快速创建 HW/SW 点"的内容。

（2）快速创建非图形化 HW/SW 点

1）选中设备（Plant）。

2）单击 Plant 选择下拉菜单中的创建 HW/SW 点（Creat HW/SW Points）或者右击，在下拉菜单中选择创建 HW/SW 点（Creat HW/SW Points）。

结果：出现创建新的数据点对话框，如图 1-4-13 所示。

3）在数字（Number）栏，选择要创建的点的个数，在用户地址栏键入要创建点的名字。如果要创建不止一个点，CARE 软件会自动使用用户要求的用户地址后加递增的数字来命名，确保使用唯一的用户地址。例如，添加 5 个房间温度传感器，命名为 RmTemp，需要 5 个点，软件会自动创建 5 个命名变量。变量名只能使用字母符号，不能使用空格。

4）在类型（Type）下拉菜单中，选择数据点类型。

5）单击"OK"。

结果：下例添加模拟量输入类型的点，如图 1-4-14 所示。

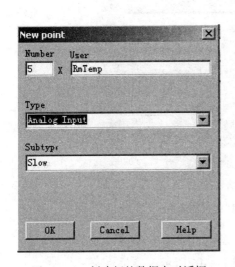

图 1-4-13　创建新的数据点对话框

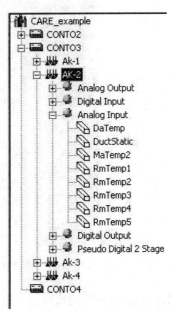

图 1-4-14　添加模拟量输入类型的点

5. 修改数据点

目的：按照需要，对数据点属性进行相应设定。

数据点修改可以在两个不同的窗口中，单点显示和多点表格显示。单点显示只能修改单个点的属性，多点表格显示可以对更多的点总览编辑。

步骤：

（1）单点属性显示中修改数据点

1）在设备分支树中，选中想修改的点。

结果：在右边的信息与编辑面板中出现点的属性，如图 1-4-15 所示。

2）在需要修改的地方修改为期望的值。

3）继续下一步，分配数据点到控制器，可参照下文"手动分配数据点到控制器"相关内容。

（2）在表格（Grid）中修改数据点

1）在设备分支树中，选中想修改的点所在的设备，在右边的信息与编辑面板中选择 Grid（表格）。

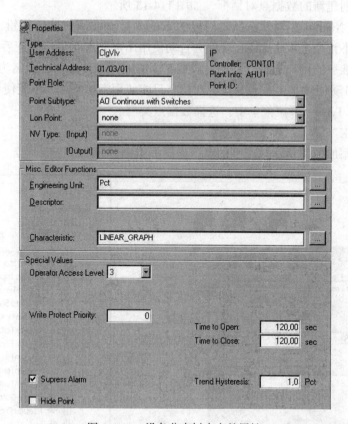

图 1-4-15　设备分支树中点的属性

结果：选中设备中的所有点出现在表格中。

2）在需要修改的地方修改为期望的值，如图 1-4-16 所示。

Point	User Address	Techn. Address	Sensor Offset	Bus	Characteristic	Engineering Unit
Filte					*	
AO	ClgVlv	01/90/0		IP	LINEAR_GRAPH	Pct
DI	BaFiltAlm	01/90/0		IP		Normal
AI	BaTemp	01/90/0	0.000000	IP	Pressure 0-3"	Deg
AI	BaTemp1	01/90/0	0.000000	IP	Pressure 0-3"	Deg
AI	DuctStatic	01/90/0	0.000000	IP	Pressure 0-3"	Inw
DI	FrzStat	01/90/0		IP		Normal
AO	HtgVlv	01/90/0		IP	LINEAR_GRAPH	Pct
AO	MaDmpr	01/90/0		IP	LINEAR_GRAPH	Pct
DO	SaFan	01/90/1		IP		On
DI	SaFanStatus	01/90/0		IP		Off
AO	SaFanVolCtrl	01/90/0		IP	LINEAR_GRAPH	Pct
PD2	EXECUTING_STOPPED					Normal
PD2	SHUTDOWN					Normal
PD2	STARTUP					Normal

图 1-4-16　变量属性列表

6. 手动分派数据点到控制器

目的：在控制器中合理的安置接线端子。在创建了一个设备原理图后，CARE 自动地分配设备中的数据点到合适的模块。例如，模拟量输入分配到 XF521A 模块，数字量输出分配到 XF524A 模块。但是数据点在模块中的顺序并不都和接线端子排相符。这样就需要按照方便的接线位置来安排数据点在模块中的位置。另一方面，也可以按照 CARE 端子分布来安排现场的接线端子排。

步骤：

1）在设备分支树中，选中控制器（Controller）。

2）在右边的信息与编辑面板中选择接线端子分配（Terminal Assignment）。

结果：出现控制器端子分配表，如图 1-4-17 所示。

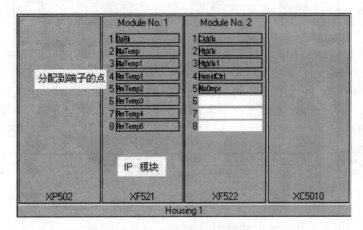

图 1-4-17 控制器端子分配表

3）如想重新放置数据点，点中数据点，按住鼠标左键，将其拖拽到希望的位置。

结果：当数据点移动到与之匹配的端子时，数据点变为绿色。

提示：当数据点移动到与之不匹配的端子时，数据点变为灰色，表示类型不匹配，不能放置。

4）在希望的端子处，松开鼠标左键，完成分配。

7. 设计控制策略

目的：控制策略使控制器具有一定的智能化，设备的控制策略包括一个环境监视、调整设备运行的控制回路来维持环境参数在一个合适的水平。例如，当房间温度低于希望的温度设定时，系统通过编好的控制策略（如 PID 调节）来调节冷水或热水阀门的开度，维持温度在设定值。控制回路由一套"控制图标"组成，这些控制图标提供了预先编好的功能和算法，用以实现期望的控制目的。

例如，在下面的操作步骤中来添加一个 PID 控制策略。

步骤：

1）在设备分支树中选中设备（Plant）。

2）在工具栏中单击"Plant"，选择下拉菜单中的控制策略（Control Strategy）。

结果：出现控制策略主窗口，如图 1-4-18 所示。控制策略主窗口分成几部分：标题、菜单栏、设备原理图、硬件点条、软件点条、工作区、控制图标等。

3）例如要控制风管静压。在工具栏中单击"File"，选择下拉菜单中的新建（New）。

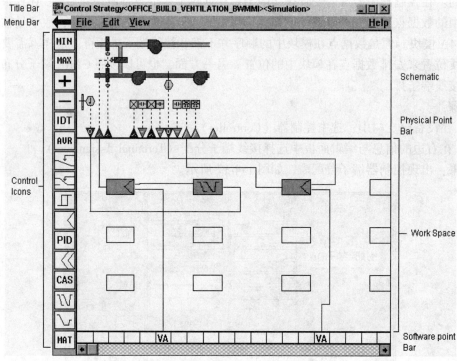

图 1-4-18　控制策略编辑界面

结果：出现创建一个新的控制回路对话框，如图 1-4-19 所示。

4）为新建的控制回路键入一个名字，如 Pressure，单击确定（OK）。

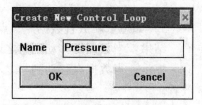

图 1-4-19　新建控制回路对话框

结果：现在可以选择一个合适的控制图标到工作区。

5）单击 PID 控制图标。

6）把选中的控制图标放到工作区一个空的方框中。

结果：控制图标被放到方框中。如有必要，软件会出现一个关于控制图标控制参数设定的对话框，如 PID 图标会要求设定比例常数、积分时间常数、微分时间常数、最小输出和最大输出。系统会提供一个合适的参数默认值，如图 1-4-20 所示。

7）单击确认（OK）。

结果：控制图标变为红色，表示所有的输入/输出还没有全部连接到原理图上，控制回路还没有完成。

8）双击控制图标，出现一个输入/输出对话框来连接需要的输入/输出点。

例如，双击 PID 图标后出现下面的对话框，如图 1-4-21 所示。

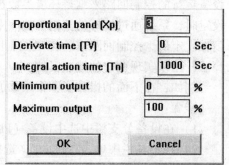

图 1-4-20　伪变量参数表

变量 Y、X、W 需要分别连接到一个硬件点、软件点或其他的控制图标上。Y 为输出变量，X、W 为输入变量，其中 X 连接到被控变量（如温度、湿度），W 连接到被控变量的设定值。

对话框中的两个空白方框为可编辑区域，用户可以键入一个值来代替实际连接。

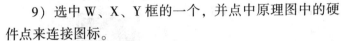
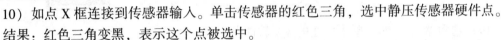

图 1-4-21　PID 输入/输出对话框

9）选中 W、X、Y 框的一个，并点中原理图中的硬件点来连接图标。

10）如点 X 框连接到传感器输入。单击传感器的红色三角，选中静压传感器硬件点。

结果：红色三角变黑，表示这个点被选中。

11）在对话框中单击红色控制图标方框，关闭对话框开始连接。

12）鼠标变成十字形，单击选中的数据点完成连接。

结果：软件把数据点和控制图标连接起来，如图 1-4-22 所示。

13）现在连接 PID 控制的 W 到一个用户定义的设定值变量。用户也可以在控制图标对话框中的编辑区域直接键入设定值（不过设定后，运行中用户将不能在上位机修改设定值）。

14）单击窗口下方的软件点条中一个空的位置创建一个软件点。最好把它放在相关的控制图标附近。

结果：出现"创建/选择软件点地址"对话框，如图 1-4-23 所示。

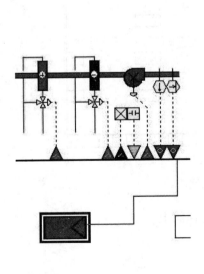

图 1-4-22　PID 回路连接

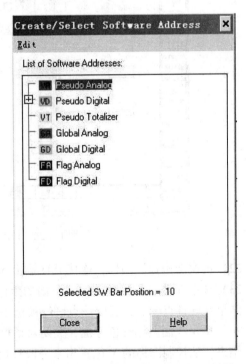

图 1-4-23　"创建/选择软件点地址"对话框

选择要创建的软件点的类型，软件提供用 7 种颜色区分的软件点类型。每个类型下包括了该控制器中所使用的软件点，也可以是空的。

15）单击虚拟模拟量（Pseudo Analog）。

16）右击，在下拉菜单中选择新建（New），或者在工具栏中单击编辑（Edit）中新建（New）。

结果：出现新软件点对话框。

17）在用户地址（User Address）栏键入"static_setpoint"。

结果：在软件点条中，新创建的软件点表示为 VA（虚模拟量），如图 1-4-24 所示。

18）再次双击控制图标，打开控制图标对话框。

19）选中 W 框，然后单击创建的 VA 软件点。

20）单击控制图标红色方框，关闭对话框。

结果：从控制图标的 W 位置出来一段红色线，鼠标变为十字形。

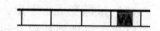

21）单击软件点完成连接，如图 1-4-25 所示。

图 1-4-24 虚模拟量放置位置

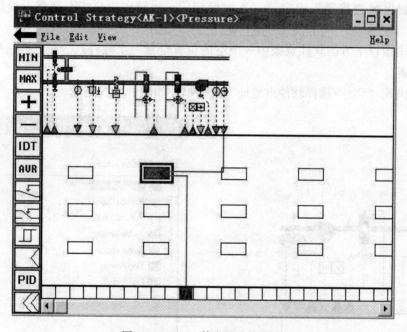

图 1-4-25 PID 伪变量连接完成

22）再次双击控制图标，连接 PID 输出 Y 到风机的风阀上。

23）选中 Y 框，然后单击风机下面的紫色三角形。

结果：硬件点变黑，表示该点已经被选中。

24）单击控制图标红色方框，关闭对话框。

结果：从控制图标的 Y 位置出来一段红色线，鼠标变为十字形。

25）单击选中的硬件点完成连接。

结果：PID 图标变成亮蓝色，表示 PID 已经正确连接到系统中。

完成整个 PID 连接后，当风机启动时，控制策略调节风阀开度来维持室内静压在设定值。当风机停止时，逻辑开关会把风阀调到最小开度，如图 1-4-26 所示。

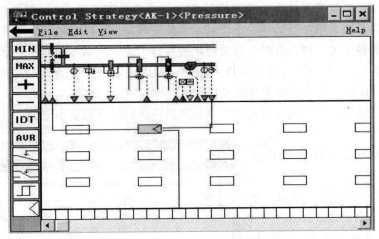

图 1-4-26　PID 回路创建完成

26）单击工具栏中的"File"，选择退出（Exit）

27）系统出现是否检查控制回路已经连接到设备的对话框，如图 1-4-27 所示。单击确认（OK）。

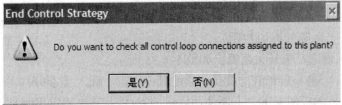

图 1-4-27　是否检查回路

28）CARE 检查所有的控制回路已经完成连接后出现提示信息，如图 1-4-28 所示。

图 1-4-28　控制回路正确提示

29）如果回路没有完成，系统出现下面提示信息，如图 1-4-29 所示。

图 1-4-29　控制回路不成功提示

8. 设计开关逻辑

目的：开关逻辑为实现点的数字逻辑（布尔逻辑）控制提供一个易于使用的 Excel 逻辑表的方法，减少了到现场开关设备的硬件接线。开关表规定了 Excel 控制器相关的输出点，决定开关状态以及输入条件。若开关条件满足，控制器就把经过编程的信号传给输出点。对单段的一个控制器来说，可以有多个开关逻辑表并行工作（"或"功能）。异或表防止软件给一个输出点传送超过一个"真"条件。用户也可以设定一个开或关的时间延迟。例如：在送风机起动 30s 后，开关逻辑起动回风机。

示例：按照系统要求，设定风阀执行器在风机停止后调节到最小位置。

步骤：

1）在设备分支树中选择设备（plant）。

2）在工具栏中单击"Plant"下面的开关逻辑（Switching Logic）。

结果：出现开关逻辑主窗口，如图 1-4-30 所示。

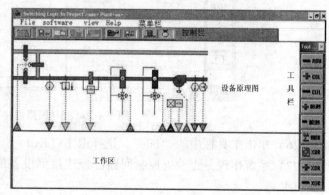

开关逻辑主窗口包括下面几个部分：标题栏、菜单栏、控制栏、设备原理图、开关表格（工作区）、开关逻辑工具栏。

图 1-4-30　开关逻辑主窗口

3）单击风机变频调节阀的控制点，为变频调节阀设定一个开关逻辑，如图 1-4-31 所示。

结果：标题"SaFanVolCtrl"是风机变频调节阀输入点的用户地址。默认值为"0.000"，符合用户的控制要求。下面使用风机的起/停状态来确定风阀是否关闭。

4）单击代表风机状态的绿色三角形，把它加到当前的开关逻辑中，如图 1-4-31 所示。

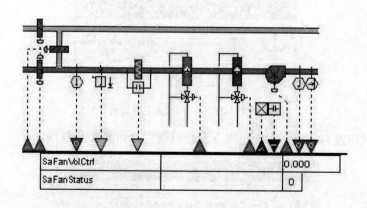

图 1-4-31　将代表风机状态的绿色三角形加到当前的开关逻辑中

结果：按照控制要求，当送风机停止时，调整风机风阀到最小开度（关闭）。

5）单击"－"1次变为"1"，单击2次变成"0"。用户可以自己定义"0"和"1"所对应的状态，默认的设定是"0"为关闭，"1"为起动。这里单击2次变为"0"，对应风机停止。（图1-4-31中表格的第二行中显示的是"0"，可通过单击在"－"、"1""0"间切换）

结果：一个简单的开关表完成。当送风机停止时，风机风阀会被关闭，如图1-4-32所示。

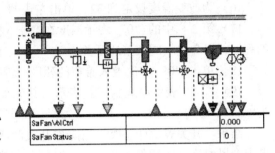

图1-4-32　送风机停止，风机风阀关闭逻辑

6）单击控制栏中的 ▦▦ 图标，保存当前开关表，设置其他的开关逻辑。

结果：出现对话框，提示用户是否保存当前开关表，如图1-4-33所示。

7）单击"是"保存开关表。

结果：对应风机风阀的紫色三角形里面布满交叉线，这表明开关表已经绑定到这个点。

8）单击热水盘管控制点，为其设定一个开关表，如图1-4-34所示。

结果：标题"HtgVlv"是热水阀的用户地址。默认为"0.000"，表示阀门完全关闭。需要改变这个条件到全开，需要的控制为：防冻开关报警或温度低于设定值时，热水阀全开。

图1-4-33　是否保存当前开关表提示

9）单击第3列1次，改变当前值，键入100并按回车（Enter）。

结果：当开关表条件满足时，热水阀被设定到100%开度。下面详细规定这个条件。防冻开关应该作为决定热水阀开度的一个因素。

10）单击表示防冻开关状态的绿色三角形。

结果：防冻开关添加到开关表中。

11）单击"－"1次变成"1"。针对这个设备，下一步想添加一个"或"功能，通过单击"＋"来实现添加列。

12）在开关逻辑工具栏中单击 +COL 图标一次。

结果：在开关表上添加一列。

13）如果防冻开关激活，热水阀应该100%全开。另外，如果混合风温度低于0℃（32F），也要热水阀全开。

14）单击代表混合风温度传感器的红色三角形。

结果：如图1-4-34所示，左边的"0"表示激活条件的温度值，右边的"0"表示一个死区。"＝>"和"<＝"分别表示"高于"和"低于"。单击这个位置可以改变。

15）单击"＝>"改变成"<＝"。左边的"0"表示激活条件的温度值。键入32在左

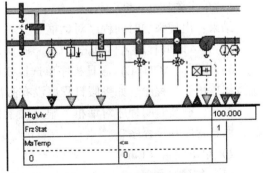

图1-4-34　没设置的开关表

边栏中，表示你希望在温度低于或等于0℃（32℉）时激活热水阀。

16）为改变温度设定到32，单击左边的"0"，然后键入"32"并按回车（ENTER）。

17）第2栏中的"0"表示温度在高于32℉多少度之后不再激活。系统要求有一个2℉的死区，以免热水阀频繁地开关。

18）单击"0"一次键入希望的死区。键入2并按回车（ENTER）。

19）"−"表示中立状态，表示与其无关，"1"为真，"0"为假。单击"−"1次变为"1"（真）。

结果：开关表设计完成。当防冻开关激活或者混合风温度等于或低于0℃（32℉）时，热水阀就会100%全开，如图1-4-35所示。

20）单击工具栏中"File"中的"Exit"。单击确认（OK）保存开关表。

9. 创建时间程序

目的：结合实际使用情况，创建一个时间程序，提高设备使用效率。一个控制器最多有20个时间程序。时间程序是与开关逻辑、控制策略相结合的，因而为控制器提供了按时间表做出决策的能力。

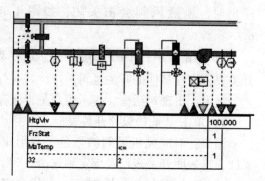

Htg Vlv			100.000
Frz Stat			1
MaTemp	<=		1
32	2		

图1-4-35　开关表设计完成

时间程序主要分为日程序、周程序、假日程序以及年程序。在建立时间程序之前，必须编辑添加要控制的点。

日程序列出了变量点的动作和时间。将日时间应用于一周（周日到周六）的每一天，可生成系统的周程序，周程序应用于一年的每一周。年程序用一些特殊的日程序来确定时间周期，并考虑当地情况，如地方节日和公众假期。

步骤：

1）在设备分支树中选中控制器（Controller）。

2）在工具栏中单击"Controller"下拉菜单中的时间程序编辑器（Edit and Time Program Editor）。

结果：出现时间程序编辑器。

3）单击编辑（Edit）。

结果：出现时间程序对话框。

4）单击添加（Add）。

结果：出现添加时间程序对话框。

5）键入时间程序名称单击"OK"确认。

6）激活（ACTIVE）假日程序单选按钮能启用假日程序。单击不激活（INACTIVE）单选按钮停用假日程序。如果假日程序没有激活，则时间程序使用日程序。

结果：刷新时间程序对话框。显示所有时间程序的名字，用户可以加入日程序、周程序、假日程序和年程序。

7）单击编辑（Edit）。

（1）创建日程序

　　目的：日程序为所选定的点指定开关时间、设定值以及开关状态。在用户设置日程序之前，应该将需要指定时间程序控制的点添加到表里，从表中选择控制点，设置时间程序。

　　步骤：

　　1）在时间程序窗口工具栏中单击用户地址（User address），如图 1-4-36 所示。

　　2）单击浏览（Reference）显示已经指派的数据点。选中列表中需要指派的数据点，单击选择（Select）。

　　结果：被指派的数据点前面出现一个#符号，表示被选中。

　　3）单击关闭（Close）。

　　4）在时间程序窗口工具栏中单击日程序（Daily Program）。

　　结果：出现日程序对话框。

　　5）单击添加（Add）。

　　结果：出现添加日程序对话框，如图 1-4-37 所示。

　　6）键入日程序名单击确认（OK）。

　　结果：出现日程序对话框，新的日程序被选中。

　　7）单击编辑（Edit）。

　　结果：出现编辑日程序对话框。用户可以指派数据点来执行这个日程序。

　　8）单击添加（Add）。

　　结果：出现添加点到日程序对话框。

　　9）从用户地址下拉选单中，选中一个用户地址。

　　结果：对话框中的选项和设定参数与选择的数据点的类型有关。

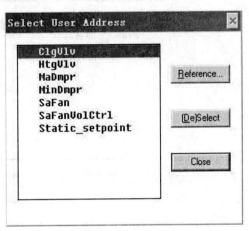

图 1-4-36　输出量用户地址

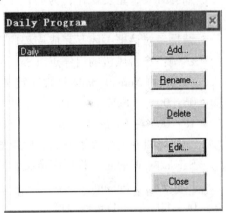

图 1-4-37　添加日程序对话框

　　10）在时间框中键入时间，在数据点值（Value）栏，键入适当的值。对于开关点，可以在最优化（Optimize）下拉菜单中选择是（Yes）或否（No），单击确认（OK）。

　　结果：回到编辑日程序对话框，可以添加更多的数据点。列表中的每一行都是一个命令。每个命令包含相应的特定时间、用户地址、设定值/状态等信息，如图 1-4-38 所示。

　　11）单击添加（Add）添加更多的数据点。添加完成后，单击关闭（Close）。

　　（2）创建周程序

　　目的：指派日程序到一周的每一天。周程序重复执行构成年程序。如果用户没有为周程序指派一个日程序，软件将使用默认的日程序定义周程序。

　　步骤：

　　1）在时间程序窗口工具栏中选周程序（Weekly Programs）。

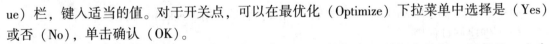

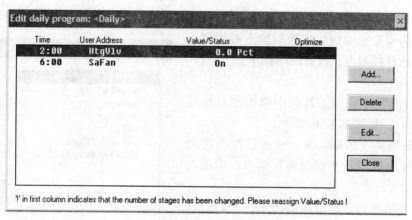

图 1-4-38   变量的时间控制列表

结果：出现为周程序指派日程序对话框。

2）选中一周中的一天点指派（Assign）。

结果：出现选择日程序对话框。显示已建立的日程序列表。

3）单击需要的日程序名并确认。

结果：对话框关闭，再次回到为周程序指派日程序对话框。日程序被指派到一周的某一天。如有必要，重复操作，为周程序的其他天指派日程序。

4）单击确认（OK）

结果：对话框关闭，完成周程序创建。

示例：一台风机的启停点（SaFan）时间程序。

SaFan 的 Normal_daily 日程序定义为：

06：00   SaFan   On

18：00   SaFan   Off

即送风机在上午 6 点开启，晚上 6 点关闭。

SaFan 的 Weekend 日程序定义：

12：00   SaFan   On

00：00   SaFan   Off

即送风机在上午 12 点开启，晚上 12 点关闭。

周程序定义如下：

周一~周五采用 Normal_daily 日程表，周六、周日采用 Weekend 日程表。

（3）创建假日程序

目的：可以为像五一劳动节和春节这样的假日安排特殊的日程序。选定的日程序可以应用于每年的这个假日。假日期间使用假日程序而不是周程序。

步骤：

1）在时间程序编辑器窗口单击假日程序（Holiday Programs）菜单进入假日程序对话框，如图 1-4-39 所示。

2）选择已建立的日程序，单击分配（Assign）分配给假日程序，类似于周程序。

（4）创建年程序

目的：用特定的日程序来定义一段时期的程序，可以定义超过一年的年程序。年程序比

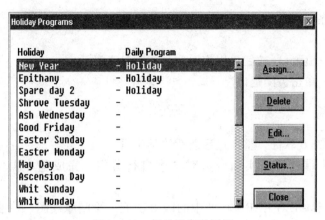

图 1-4-39 假日程序对话框

周程序有更高的优先级。

步骤：

1）在时间程序编辑窗口单击年程序（Yearly Program）菜单项进入年程序对话框，如图 1-4-40 所示。

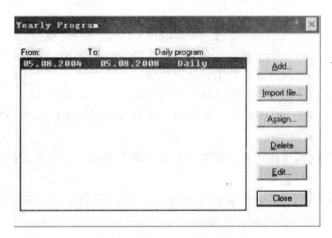

图 1-4-40 年程序对话框

2）单击添加（Add），添加一个新的年程序，在年时间（起/止）设置对话框中填入开始和结束的时间范围，并给其分配日程序，如图 1-4-41 所示。

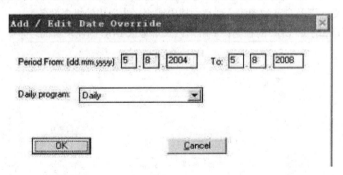

图 1-4-41 年时间（起/止）设置对话框

3）选中日程序名，单击分配（Assign）钮（或者双击日程序名），为每个假日指派一个日程序。

4）单击状态（Status）按钮可以查看假日程序是否激活。

5）完成指派，单击关闭退出。

四、任务实施

1）安装 CARE7.0 软件，整个过程演示给学生看。

2）在实训室上课，根据实训台数对学生进行分组，完成基本操作及程序仿真验证操作。

3）按照实训指导书对 CARE 软件中的四大功能：绘制原理图、控制策略、开关逻辑、时间程序编制——进行操作。

五、问题

1）CARE 软件建立程序的步骤有哪些？

2）CARE 软件的功能有哪些？对每一功能如何进行具体的编程？以实例说明。

项目小结

1）智能建筑的概念及特征、产生、发展现状。

2）计算机控制的功能，计算机控制系统的分类。

3）楼宇自动化系统（BAS）针对楼宇内各机电设备进行集中管理和监控，采用了计算机控制系统中的集散控制结构。

4）直接数字控制器（DDC）又称为下位机，联系着被控设备及监督控制计算机，处于现场控制层。

5）CARE 软件是针对霍尼韦尔公司 DDC 的一种编程软件，它有四大功能：绘制原理图、控制策略、开关逻辑、时间程序编制。

思考练习

1）通过参观，思考所在城市的建筑水平是否已趋于智能建筑。

2）通过所学的专业课及自己的理解，列举大楼内或小区内通用的机电设备。

3）通过各种资讯，了解 DDC 的种类；了解国内及本地区 DDC 的使用情况。

项目二　智能照明监控系统的安装与维护

任务一　智能照明监控系统认知

一、教学目标

1）掌握光的基本术语、基本计算及照明的基本类型。
2）掌握楼宇智能照明的控制功能、采取措施及达到效果。
3）掌握照明监控系统图。

二、学习任务

1）了解光的基本术语，能进行基本计算。
2）能对楼宇智能照明监控要求进行分析，列出硬件需求列表。
3）能根据实际的智能照明控制要求，绘制其监控原理图及 DDC I/O 端口的接线图。

三、相关理论知识

电气照明系统是建筑物的重要组成部分。照明设计的优劣除了影响建筑物的功能外，还影响建筑艺术的效果。

照明的基本功能是创造一个良好的人工视觉环境。在一般情况下，是以"明视条件"为主的功能性照明，在那些突出建筑艺术的厅堂内，照明的装饰作用需要加强，成为以装饰为主的艺术性照明。

室内照明系统由照明装置及其电气部分组成。照明装置主要是灯具，照明装置的电气部分包括照明开关、照明线路及照明配电盘等。

（一）照明技术的基本概念

1. 光通量及其单位

（1）光通量　按人眼对光的感觉量为基准来衡量光源在单位时间内向周围空间辐射并引起光感的能量的大小，用符号 Φ 来表示，单位为流明（lm）。光通量的计算式为

$$\Phi_\lambda = 680 V(\lambda) P_\lambda$$

式中　Φ_λ——波长为 λ 的光通量（lm）；

$V(\lambda)$——波长为 λ 的光谱光效率函数；

P_λ——波长为 λ 的光辐射功率（W）。

单一波长的光称为单色光，当光源含有多种波长的光时称为多色光。多色光源的光通量为各单色光的总和，即

$$\Phi = \Phi_{\lambda 1} + \Phi_{\lambda 2} + \Phi_{\lambda 3} + \cdots$$
$$= 680 \sum V(\lambda) P_\lambda$$

（2）发光强度　光源在某一个特定方向上的单位立体角内（单位球面度内）所发出的光通量，是用来反映发光强弱程度的一个物理量，用符号 I_α 表示，单位为坎德拉（cd），即

$$I_\alpha = \frac{\mathrm{d}\Phi}{\mathrm{d}\Omega}$$

式中　I_α——某一特定方向角度上的发光强度（cd），下标 α 表示该方向角度数；

　　　$\mathrm{d}\Omega$——给定方向的立体角元［sr（球面度）］；

　　　$\mathrm{d}\Phi$——在立体角元内传播的光通量（lm）。

对于向各方向发射光通量均匀的发光体，在各个方向上的发光强度是相等的。

（3）照度　为研究物体被照面照明的程度，工程上常用照度这个物理量。照度是单位被照面积上所接受的光通量，单位为勒克斯（lx）。取微小面积 $\mathrm{d}A$，入射的光通量为 $\mathrm{d}\Phi$，则照度为

$$E = \frac{\mathrm{d}\Phi}{\mathrm{d}A}$$

当光通量 Φ 均匀分布在被照表面 A 上，则被照表面的照度为

$$E = \frac{\Phi}{A}$$

（4）亮度　对在同一照度下，并排放着的白色、黑色物体，人眼看起来有不同的效果，总觉得白色物体要亮得多，这是由于物体表面反光程度不同造成的。亮度与被视物的发光或反光面积以及反光程度有关。

通常把被视物表面在某一视线方向或给定方向的单位投影面上所发出或反射的发光强度，称为该物体表面在该方向上的亮度，用符号 L_α 表示，即

$$L_\alpha = \frac{I_\alpha}{S_\alpha}$$

式中　L_α——表示某方向上的亮度；

　　　S_α——被视物体沿某一视线方向或给定方向的投影发光或反光面积（m^2）；

　　　I_α——在某一视线方向或给定方向的发光强度（cd）。

综上所述，光通量和光强主要用来表征光源或发光体发射光的强弱；照度是用来表征被照面上接受光的强弱；亮度是用来表征发光面发光强度的物理量。

2. 光源的色温与显色性

（1）色温　光源的发光是与温度有关的：当温度不同时，光源发出光的颜色是不同的。如白炽灯，当灯丝温度低时，发出的光以红光为主；当灯丝温度高时，发出的光由红变白。

所谓色温，是指光源发出光的颜色与黑体（能吸收全部光辐射而不发射、不透光的理想物体）在某一温度下辐射的光色相同时的温度，用绝对温标 K 来表示。

（2）显色性　当某种光源的光照射到物体上时，该物体的色彩与阳光照射时的色彩是不完全一样的，有一定的失真度。

所谓光源的显色性，就是指不同光谱的光源照射在同一颜色的物体上时，所呈现不同颜色的特性。通常用显色指数来表示光源的显色性。

3. 光源的色调

同一物体用不同颜色的光照在上面，对人们视觉产生的效果是不同的，红、橙、黄、棕

色光给人以温暖的感觉，称为暖色光；蓝、青、绿、紫色光给人以寒冷的感觉，称为冷色光。光源的这种视觉颜色特性称为<u>色调</u>。光源发出的光的颜色直接影响人的情趣，它可以影响人们的工作效率和精神状态等。

4. 眩光

眩光是照明质量的重要特征，它对视觉有不利的影响，故现代照明对眩光的限制非常重视。

所谓眩光，是指由于亮度分布或亮度范围不合适，或在短时间内相继出现的亮度相差过大，造成观看物体时的感觉不舒适。在视野内，不仅同时出现大的亮度差异能引起眩光，而且亮度数值过大也会引起眩光。

眩光可以分为直接眩光和反射眩光两种。直接眩光是在观察方向上或附近存在亮的发光体所引起的眩光；反射眩光是在观察方向上或附近由亮的发光体的镜面反射所引起的眩光。

5. 物体的光照性能

光通量 Φ 投射到物体时，一部分光通量 Φ_{ρ} 从物体表面反射回去，一部分光通量 Φ_{α} 被物体所吸收，而余下的一部分光通量 Φ_{τ} 则透过物体。为表征物体的光照性能，引入以下参数：

$$反射系数(\text{reflection coefficient})\rho = \Phi_{\rho}/\Phi$$
$$吸收系数(\text{absorption coefficient})\alpha = \Phi_{\alpha}/\Phi$$
$$透射系数(\text{transmission coefficient})\tau = \Phi_{\tau}/\Phi$$

有 $\rho + \alpha + \tau = 1$。物体的光照性能如图 2-1-1 所示。

6. 照明的分类

（1）按照明范围分类（按照明范围大小来区别）

1）一般照明：在整个场所或场所的某个特定区域照度基本上均匀的照明。对于工作位置密度很大而对光照方向又无特殊要求，或工艺上不适宜装设局部照明装置的场所，宜单独使用一般照明，例如办公室、体育馆及教室等。

2）局部照明：局限于工作部位的特殊要求的固定的或移动的照明。这些部位对高照度和照射方向有一定要求。对于局部地点需要高照度并对照射方向有要求时，宜采用局部照明，但在整个场所不应只设局部照明而无一般照明。

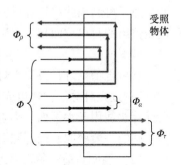

图 2-1-1　物体的光照性能

3）混合照明：一般照明与局部照明共同组成的照明。对于工作面需要较高照度并对照射方向有特殊要求的场所，宜采用混合照明。此时，一般照明照度宜按不低于混合照明总照度的 5% ~ 10% 选取，且最低不低于 20lx，例如金属机械加工机床、精密电子电工器件加工安装工作桌及办公室的办公桌等。

（2）按照明功能分类

1）工作照明：正常工作时使用的室内外照明。它一般可单独使用，也可与事故照明、值班照明同时使用，但控制电路必须分开。

2）应急照明：正常照明因故障熄灭后，供事故情况下继续工作或安全通行的照明。

在由于工作中断或误操作容易引起爆炸、火灾以及人身事故并会造成严重政治后果和经济损失的场所，应设置应急照明。应急照明宜布置在可能引起事故的设备、材料周围以及主要通道和出入口，并在灯的明显部位涂以红色，以示区别。应急照明通常采用白炽灯（或卤钨灯）。应急照明若兼作为工作照明的一部分，则需经常点亮。

3）值班照明：在非生产时间内供值班人员使用的照明。例如对于三班制生产的重要车间、有重要设备的车间及重要仓库，通常宜设置值班照明，可利用常用照明中能单独控制的一部分，或利用事故照明的一部分或全部作为值班照明。

4）警卫照明：用于警卫地区周边附近的照明。

5）障碍照明：装设在建筑物上作为障碍标志用的照明。在飞机场周围较高的建筑上，或有船舶通行的航道两侧的建筑上，应按民航和交通部门的有关规定装设障碍照明。

7. 照明的计算

电气照明计算包括照度计算和照明负荷计算。

（1）照度计算　我国照度标准按 2500lx、1500lx、750lx、500lx、200lx、150lx、100lx、75lx、50lx、30lx、20lx、15lx、10lx、5lx、3lx、2lx、1lx、0.5lx、0.2lx 分级。照度计算的任务可根据所需的照度值和平面进行布灯设计；或根据确定的布灯方案来计算点、面的照度值。

1）利用系数法：利用灯具均匀布置的一般照明及利用周围墙、顶棚作为反射的场所。当采用反射式照明时，也采用此法计算。投射到被照面上的光通量与房间内全部灯具总光通量的比值，叫作利用系数。此外还有与房间尺寸、面积有关的定形指数，与墙壁、顶棚及地面有关的反射系数，照度补偿系数等。

2）单位容量法：适用于均匀的一般照明计算。一般民用建筑和环境反射条件较好的小型车间，可利用此法计算。根据已知的房间面积 S 及所选灯具型式、最小照度、计算高度等查表得出的每单位面积的安装容量 W，即可计算出房间内电光源总的安装功率 P：

$$P = WS$$

然后再根据灯具方案、灯具数量，可确定每个灯具的功率。

3）逐点计算法：按电光源各被照点发射的光通量的直射分量来计算被照点的照度。逐点计算法适用于水平面、垂直面和倾斜面上的照度计算。此方法计算的结果较准确，故可计算车间的一般照明、局部照明和外部照明，但不适用于计算周围反射性能很高场所的照度。

（2）照明负荷计算　照明负荷计算就是确定供电量。在根据照度计算确定布灯设计，算出电气照明电光源所需的功率后，进行照明负荷计算和设计，选择配电导线、控制设备与配电箱的型号、数量及位置等。

（二）楼宇照明的智能控制

一个真正设计合理的现代照明系统，应能为人们的工作、学习生活提供良好的视觉条件，而且利用灯具造型和光色协调营造出具有一定风格和美感的室内环境，以满足人们的心理和生理要求，还必须做到充分利用和节约能源。

随着现代办公大楼巨型化、工作时间弹性化、人类物质文化生活多样化和老龄化，需要营造快乐、便捷、安全、高效的照明环境和气氛，从而促进了照明控制系统向高效节能和智能化的方向发展。

1. 功能

在智能楼宇中照明控制系统将对整个楼宇的照明系统进行集中控制和管理，主要完成以下功能：

（1）照明设备组的时间程序控制　将楼宇内的照明设备分为若干组别，通过时间区域程序设置菜单，来设定这些照明设备的启/闭程序。如营业厅在早晨和晚上定时开启/关闭，装饰照明晚上定时开启/关闭。这样，每天照明系统按计算机预先编制好的时间程序，自动控制各楼层的办公室照明、走廊照明、广告霓虹灯等，并可自动生成文件存档，或打印数据报表。

（2）照明设备的联动功能　当楼宇内有事件发生时，需要照明各组做出相应的联动配合。当有火警时，联动正常照明系统关闭，事故照明打开；当有保安报警时，联动相应区域的照明等开启。

照明区域控制系统的核心是 DCS 分站，一个 DDC 分站所控制的规模可能是一个楼层的照明或是整座楼宇的装饰照明，区域可以按照地域来划分，也可以按照功能来划分。各照明区域控制系统通过通信系统联成一个整体，成为 BAS 的一个子系统，如图 2-1-2 所示。

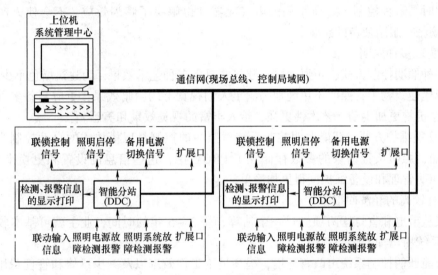

图 2-1-2　照明区域图

2. 智能照明控制系统的优点

（1）良好的节能效果

1）采用智能照明控制系统的主要目的是节约能源，智能照明控制系统借助各种不同的"预设置"控制方式和控制元件，对不同时间不同环境的光照度进行精确设置和合理管理，实现节能。

2）这种自动调节照度的方式，充分利用室外的自然光，只有当必需时才把灯点亮或点到要求的亮度，利用最少的能源保证所要求的照度水平，节电效果十分明显，一般可达30% 以上。

3）智能照明控制系统中对荧光灯等进行调光控制，由于荧光灯采用了有源滤波技术的可调光电子镇流器，降低了谐波的含量，提高了功率因数，降低了低压无功损耗。

（2）延长光源的寿命

1）延长光源寿命不仅可以节省大量资金，而且大大减少更换灯管的工作量，降低了照明系统的运行费用，管理维护也变得简单了。

2）无论是热辐射光源，还是气体放电光源，电网电压的波动是光源损坏的一个主要原因。因此，有效地抑制电网电压的波动可以延长光源的寿命。

3）智能照明控制系统能成功地抑制电网的浪涌电压，同时还具备了电压限定和扼流滤波等功能，避免过电压和欠电压对光源的损害。

4）采用软启动和软关断技术，避免了冲击电流对光源的损害。

通过上述方法，光源的寿命通常可延长 2～4 倍。

（3）改善工作环境，提高工作效率

1）良好的工作环境是提高工作效率的一个必要条件。

2）良好的设计，合理地选用光源、灯具及优良的照明控制系统，都能提高照明质量。

3）智能照明控制系统以调光模块控制面板代替传统的开关控制灯具，可以有效地控制各房间内整体的照度值，从而提高照度均匀性。

4）同时，这种控制方式所采用的电气元器件也解决了频闪效应，不会使人产生不舒适、头昏脑胀、眼睛疲劳的感觉。

（4）实现多种照明效果

1）多种照明控制方式，可以使同一建筑物具备多种艺术效果，为建筑增色不少。

2）现代建筑物中，照明不单纯地为满足人们视觉上的明暗效果，更应具备多种的控制方案，使建筑物更加生动，艺术性更强，给人丰富的视觉效果和美感。

（5）管理维护方便　智能照明控制系统对照明的控制是以模块式的自动控制为主，手动控制为辅，照明预置场景的参数存储在 E^2PROM 中，这些信息的设置和更换十分方便，使楼宇的照明管理和设备维护变得更加简单。

（6）有较高的经济回报率

1）仅从节电和省灯这两项做过一个估算，用 3～5 年的时间，业主就可基本收回智能照明控制系统所增加的全部费用。

2）智能照明控制系统可改善环境，提高员工工作效率以及减少维修和管理费用等，也为业主节省下一笔可观的费用。

3. 智能照明控制主系统的基本结构

智能照明控制主系统应是一个由集中管理器、主干线和信息接口等元器件构成，对各区域实施相同的控制和信号采样的网络；子系统是一个由各类调光模块、控制面板、照度动态检测器及动静探测器等元器件构成的，对各区域分别实施不同的具体控制的网络，主系统和子系统之间通过信息接口等元器件来连接，实现数据的传输。智能照明系统的组成结构如图 2-1-3 所示。

4. 照明控制系统的性能

1）以单回路的照明控制为基本性能，不同地方的控制终端均可控制同一单元的灯。

2）单个开关可同时控制多路照明回路的点灯、熄灯、调光状态，并根据设定的场面选择相应开关。

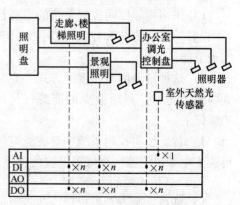

图 2-1-3　智能照明系统的组成结构

3）根据工作（作息）时间的前后、休息、打扫等时间段，执行按时间程序的照明控制，还可设定日间、周间、月间、年间的时间程序来控制照明。

4）适当的照度控制。

① 照明器具的使用寿命随着点灯的亮度提高而下降，照度随器具污染逐步降低。

② 在设计照明照度时，应预先估计出保养率；新器具开始使用时，其亮度会高出设计照度的20%～30%，通过减光调节到设计照度。

③ 随着使用时间进行调光，使其维持在设计的照度水平，以达到节电的目的。

④ 利用自然光的照明控制。充分利用来自门窗的自然光（太阳光）来节约人工照明，根据自然光的强弱进行连续多段调光控制，一般使用电子调光器时可采用0～100%或25%～100%两种方式的调光，预先在操作盘内记忆检知的自然光量，根据记忆的数据进行相适应的调光控制。

⑤ 而然人体传感器的控制。厕所、电话亭等小的空间，不特定的短期间利用的区域，配有人体传感器，检知人的有、无，自动控制的通、断，排除了因忘记关灯造成的浪费。

⑥ 路灯控制。对一般的智能楼宇，有一定的绿化空间，草坪、道路的照明均要定点、定时控制。

⑦ 泛光照明控制。

智能楼宇是城市的标志性建筑，晚间艺术照明会给城市增添几分亮丽。但还要考虑节能，因此，在时间上、亮度变化上应进行控制。

5. 照明控制系统的主要控制内容

（1）时钟控制　通过时钟管理器等电气元器件，实现对各区域内用于正常工作状态的照明灯具时间上的不同控制。

（2）照度自动调节控制　通过每个调光模块和照度动态检测器等电气元器件，实现在正常状态下对各区域内用于正常工作状态的照明灯具的自动调光控制，使该区域内的照度不会随日照等外界因素的变化而改变，始终维护在照度预设值左右。

（3）区域场景控制　通过每个调光模块和控制面板等电气元器件，实现在正常状态下对各区域内用于正常工作状态照明灯具的场景切换控制。

（4）动静探测控制　通过每个调光模块和动静探测器等电气元器件，实现在正常状态下对各区域内用于正常工作状态的照明灯具的自动开关控制。

（5）应急状态减量控制　通过每个对正常照明控制的调光模块等电气元器件，实现在应急状态下对各区域内用于正常工作状态的照明灯具的减免数量和放弃调光等控制。

（6）手动遥控器　通过红外线遥控器，实现在正常状态下对各区域内用于正常工作状态的照明灯具的手动控制和区域场景控制。

（7）应急照明的控制　这里的控制主要是指智能照明控制系统对特殊区域内的应急照明所执行的控制，包含以下两项控制：

1）正常状态下的自动调节照度和区域场景控制，和调节正常工作照明灯具的控制方式相同。

2）应急状态下的自动解除调光控制，实现在应急状态下对各区域内用于应急工作状态的照明灯具放弃调光等控制，使处于事故状态的应急照明达到100%。

关于照明控制箱的接线示意图如图2-1-4所示。

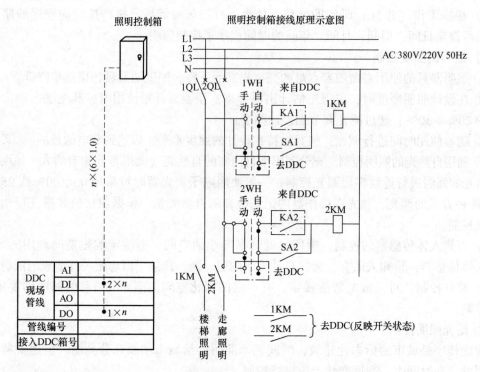

图 2-1-4 照明控制箱的接线示意图

6. 办公室照明系统监控

办公室照明的一个显著特点是白天工作时间长，因此，办公室照明要把天然光和人工照明协调配合起来，达到节约电能的目的。当天然光较弱时，根据照度监测信号或预先设定的时间调节，增强人工光的强度。当天然光较强时，减少人工光的强度，使天然光与人工光始终动态地补偿。照明调光系统通常是由调光模块和控制模块组成。调光模块安装在配电箱附近，控制模块安装在便于操作的地方，如图 2-1-5 所示。

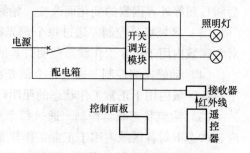

调光模块是一种数字式调光器，具有限制电压波动和软启动开关的作用。

开关模块有开关作用，是一种继电输出。

调光方法可分为照度平衡型和亮度平衡型：照度平衡型是使离窗口近处的工作面与远离窗口处工作面上的照度达到平衡，尽可能均匀一致；亮度平

图 2-1-5 智能照明自动控制系统图

衡型是使室内人工照明亮度与窗口处的亮度比例达到平衡，消除物体的影像。

因此，在实际工程中，应根据对照明空间的照明质量要求，实测的室内天然光照度分布曲线，选择调光方式和控制方案。

7. 楼梯、走廊等照明监控

楼梯、走廊等照明监控以节约电能为原则，防止长明灯，在下班以后，一般走廊、楼梯照明灯应及时关闭。因此照明系统的 DDC 监控装置依据预先设定的时间程序自动地切断或打开照明配电盘中相应的开关。

8. 障碍照明监控

高空障碍灯的装设应根据该地区航空部门的要求来决定，一般装设在建筑物或构筑物凸起的顶端，采用单独的供电回路，同时还要设置备用电源，利用光电感应器件通过障碍灯控制器进行自动控制障碍灯的开启和关闭，并设置开关状态显示与故障报警。

9. 应急照明的启/停控制

当正常电网停电或发生火灾等事故时，事故照明、疏散指示照明等应能自动投入工作。监控器可自动切断或接通应急照明，并监视工作状态，故障时报警。

智能照明监控原理图如图 2-1-6 和图 2-1-7 所示。

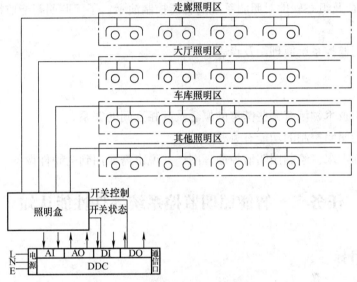

图 2-1-6 智能照明监控原理图（一）

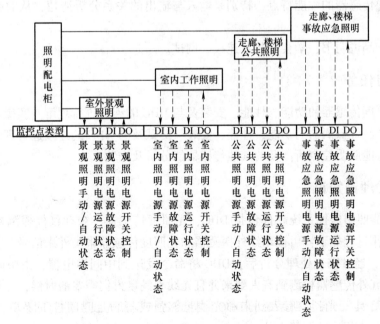

图 2-1-7 智能照明监控原理图（二）

图 2-1-6 中，照明盒中可以是继电器等设备，各区域的指示灯、电源通过继电器的常开触点进行连接。DO 端口去控制继电器线圈的得电与失电，从而控制各区域的亮/灰状态。同时，继电器也反馈了指示灯的状态（DI 端口）。

图 2-1-7 反映了 DDC 的 DI、DO 端口的作用。具体的实现电路也是借助于继电器来实现的。

四、任务实施

1）简述关于光的相关理论知识。

2）通过 DDC 及组态软件对照明系统的智能控制演示，了解照明智能监控的效果及社会实际意义。

3）识读照明监控系统原理图及点表。

五、问题

1）说明照明技术领域有哪些基本的概念及其相互间的关系。

2）楼宇智能照明控制的功能有哪些？

3）根据实际需求，绘制照明监控原理图，并说出需要用到的硬件设备。

任务二 智能照明监控系统部件性能认知

一、教学目标

1）根据楼宇智能照明控制具体案例，分析其控制原理和采用的硬件设备。

2）对相关传感器的性能特点，特别是输入与输出的关系分析清楚，从而明确如何进行硬件间的连线。

3）通过产品说明书，学会安装、连接、调试。

二、学习任务

1）对光照度传感器的功能、性能、安装及与 DDC 的连接进行理解并实操。

2）对被动红外探测器的功能、性能、安装、测试及与 DDC 的连接进行理解并实操。

3）对于智能照明控制所涉及的其他传感器能分析及安装。

三、相关理论知识

基本的智能照明监控系统硬件包括 DDC、光照度传感器、被动红外探测器和中间继电器等。主要工作过程如下：由被动红外探测器和光照度传感器采集外来信号，将采集到的信号传送至 DDC，经过综合处理分析后，DDC 将命令发送到中间继电器，由中间继电器来进行连续调光。红外传感器检测到有人到来并且光线不满足人们需要的时候，灯具发光，也可通过时间控制灯具发光；没有人到来和光线足够强或不满足时间控制要求，灯具均不会发光。

（一）光照度传感器

光照度传感器如图 2-2-1 所示。

1. 概述

室内照度传感器是采用先进的电路模块技术开发的变送器，用于实现对环境光照度的测量，并限流输出标准电流信号。它采用硅光电池，传感器灵敏度高，产品外观精美，采用了防水接头，可广泛用于智能楼宇、温室等环境的光照度测量。产品特点如下：精度高、量程宽、输入线电阻高、稳定性好、体积小、安装方便、线性度好、传输距离长、抗干扰能力强、DC 1 ~ 10V 线性信号输出。

图 2-2-1 光照度传感器

2. 技术规格（硅光电池）

电源：DC 24V；

精度：±2%；

量程可选：0 ~ 2000lx，0 ~ 20000lx，0 ~ 200000lx；

外壳材质：塑料防水外壳；

工作环境：温度（-20 ~ 60℃），湿度：0 ~ 100% RH；

接线：三线制；

输出：DC 1 ~ 10V；

防护等级：IP55。

3. 安装与接线

外形尺寸如图 2-2-2 所示。

三线制接线端子图如图 2-2-3 所示。

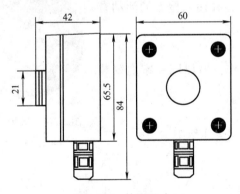

图 2-2-2 外形尺寸

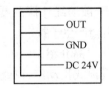

图 2-2-3 三线制接线端子图

安装说明：传感器尽量安装在四周空旷没有任何障碍物的地方（感应面应保持清洁），与传感器相衔接的线缆应该固定在安装架上，以减少断裂、脱皮等情况。光照度传感器在使用一段时间后，应定期擦拭上方的滤光片，以保持测量数值的准确性。

（二）被动红外探测器

被动红外探测器不需要附加红外辐射光源，而是由探测器直接探测来自移动目标的红外辐射。

1. 被动红外探测器的基本组成

被动红外探测器由光学系统、热传感器（也称红外传感器）及报警控制器等构成。

2. 被动红外探测器的工作原理

被动红外探测器的核心部件是红外探测器件（红外传感器），通过光学系统的配合作用，它可以探测到位于某一个立体防范区域内的热辐射的变化。当防范区域内没有移动的人体等目标时，由于所有背景物体（如墙、家具等）在室温下红外辐射的能量比较小，而且基本上是稳定的，所有不能触发报警。当有人体在防范区域内走动时，就会造成红外热辐射能量的变化。红外传感器将接收到的活动人体与背景物体之间的红外热辐射能量的变化转换为相应的电信号，经适当的处理后，送往报警控制器，发出报警信号。

红外传感器的探测波长范围是 $8 \sim 14\mu m$，由于人体的红外辐射波长正好在此探测波长的范围之内，因此能较好地探测到活动的人体。红外传感器前的光学系统可以将来自多个方向的红外辐射能量经反射镜反射或特殊的透镜透射后全都集中在红外传感器上。这样，一方面可以提高红外传感器的热电转换效率，另一方面还起到了加长探测距离、扩大警戒范围的作用。

3. 被动红外探测器的安装使用要点

1）被动红外探测器属于空间控制型探测器。其本身不向外界辐射任何能量，其功耗小，普通的电池就可以维持长时间的工作。

2）由于红外线的穿透性能较差，在监控区域内不应有障碍物，否则会造成探测"盲区"。

3）为了防止误报警，不应将被动红外探测器探头对准任何温度会快速改变的物体，特别是发热体。

4）在选择安装位置时，应使探测器具有最大的警戒范围，使可能的入侵者都能处于红外光束警戒的范围之内，并使入侵者的活动有利于横向穿越光束带区，可以提高探测的灵敏度。

5）产品类型有壁挂式和吸顶式。

6）由于被动红外探测器是以被动方式工作，所以同一室内安装数个，也不会产生干扰。

4. 具体产品介绍

（1）吸顶式被动红外探测器 其外形如图 2-2-4 所示。

1）技术规格。

探测距离：直径 12m；

输入电压：DC 9～16V；

消耗电流：约 DC 15mA；

红外最大覆盖面积：12m×12m；

开启指示：指示灯亮 10s；当报警时线路开启 2～3s；

警报指示：LED 指示灯亮；

防拆接口：常闭。

2）探测区域俯视图，如图 2-2-5 所示。

3）安装步骤，如图 2-2-6 所示。

图 2-2-4 吸顶式被动
红外探测器

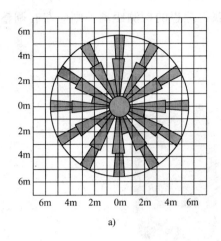
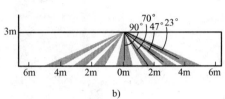

图 2-2-5　探测区域俯视图

a）俯视图　b）以原点为基准的发散角

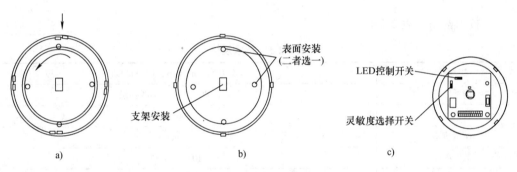

图 2-2-6　吸顶式被动红外探测器安装步骤

a）步骤①　b）步骤②　c）步骤③

① 按住外壳逆时针旋转底座即可打开探测器。

② 安装基座。离地 2.4～3.6m 安装。首先标示钻孔点并在墙上钻孔，其次从后槽将电线引入基座，最后插入两枚螺钉将基座装在墙上。

③ 安装灵敏度选择开关及 LED 控制开关。

4）终端接线，如图 2-2-7 所示。

覆盖区域步行测试步骤如下：

◆安装外壳，顺时针旋转底座扣好扣位。

◆通电后至少等 2min 再开始步测。

◆在覆盖区域的远端任何地方穿过，走动引发 LED 指示灯亮 2～3s。

◆从相反方向进行步测，以确定两边的周界。应使探测中心指向被保护区的中心。

◆离探测器 3～6m 处，慢慢举起手臂，并伸入探测区，标注被动红外报警的下部边界；重复上述做法，以确定上部边界。

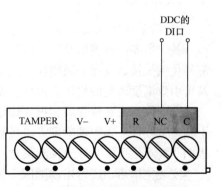

图 2-2-7　吸顶式被动红外探测器接线

◆探测区中心不应向左右倾斜。如果不能获得理想的探测距离，则应左右调整探测范围，以确定探测器的指向不会偏左或偏右。

（2）壁挂式被动红外探测器

1）外形如图2-2-8所示。

图2-2-8 壁挂式被动红外探测器

2）技术规格见表2-2-1。

表2-2-1 技术规格

探测器	双源方形，低噪声，高灵敏度
信号处理	自动脉冲，二级，温度补偿
起始时间	300s
探测速率	2～7m/s
工作温度	-10～+50℃
电源输入	DC 9～16V，14mA 候命，18mA 警报
透镜	第二代 Fresnel 透镜
探测范围	11m，110°
分区	22＝9＋5＋5＋3（标准），可选12m 栅
安装高度	1.1～3.1m
警报显示	红色发光二极管，连续发光
警报输出	常闭 DC 28V，0.15A
防拆掣	常闭 DC 28V，0.15A 最高

3）安装步骤如图2-2-9所示。

基于所需照射范围及安装高度1.8～2.4m（此处选择2.1m），选定一个探头安装位置。应避免探头接近反光表面物体、空调器风口喷出的流动空气、电风扇、窗门、水蒸气、油烟及可引致温度改变的物体，例如，发热器、电冰箱、烤箱和红外线等。

选定探头安装位置后，把底盖钻出几个螺钉孔，然后把信号线穿孔，并连接印制电路板上相应接线柱。如想消除发光二极管显示功能，可把最下方跨接片移去。请勿触摸感测器的表面，要不然可能会导致探测失常。

安装完毕后，进行走动测试，如图2-2-10所示。

在20℃高灵敏度模式时，测试者在探测范围内无论作任何动作（跑步、快步或慢步行

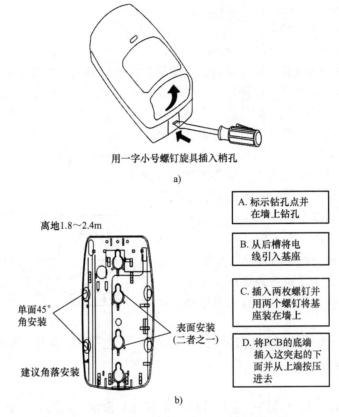

用一字小号螺钉旋具插入梢孔

a)

离地1.8～2.4m

单面45°
角安装

建议角落安装

表面安装
（二者之一）

A. 标示钻孔点并
在墙上钻孔

B. 从后槽将电
线引入基座

C. 插入两枚螺钉并
用两个螺钉将基
座装在墙上

D. 将PCB的底端
插入这突起的下
面并从上端按压
进去

b)

图 2-2-9　壁挂式被动红外探测器的安装步骤

a) 打开外壳　b) 安装基座

走），当穿越由左右探测器组成的两条射束时，便产生警报。而在低灵敏度模式时，需要产生警报的动作幅度则会增加一倍。一整条射束在距离探头10m时大约为1.7m宽。注意：测试者不能面向探头往前走，探头是感应不到这种移动方向的，走动方向需垂直射束（即面向探头横走）。

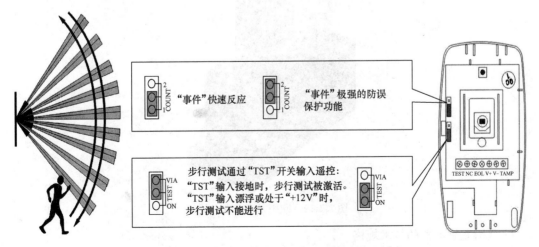

图 2-2-10　壁挂式被动红外探测器走动测试示意图

对覆盖区域进行步行测试步骤如下：

◆ 安装外壳，合上扣位。

◆ 通电后至少等2min，再开始步测。

◆ 在覆盖区域的远端任何地方穿过，走动都会引起LED指示灯亮2～3s。

◆ 从相反方向进行步测，以确定两边的周界，应使探测中心指向被保护区域的中心。

◆ 离探测器3～6m处，慢慢举起手臂，并伸入探测区，标注被动红外报警的下部边界。重复上述做法，以确定其上部边界。

◆ 探测区中心不应向上倾斜。如果不能获得理想的探测距离，则应上下调制探测范围，以确保探测器的指向不会太高或太低。

重要提示：引导用户为了保证每个探测区保持良好的探测功能，最少每星期进行步行测试一次。

在走动测试时要注意面盖必须正确地装上。完成安装后，应使用矽把探头上所有孔洞堵塞，以防尘埃进入探头内。

壁挂式被动红外探测器接线如图2-2-11所示。

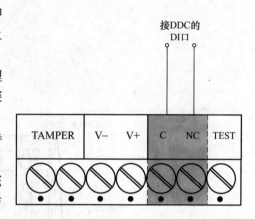

图2-2-11　壁挂式被动红外探测器接线

（三）中间继电器

1. 原理

继电器是一种电子控制器件，它具有控制系统（又称输入回路）和被控制系统（又称输出回路），通常应用于自动控制电路中，它实际上是用较小的电流去控制较大电流的一种"自动开关"，故在电路中起着自动调节、安全保护、转换电路等作用。图2-2-12所示为欧姆龙中间继电器。

图2-2-12　欧姆龙中间继电器

2. 欧姆龙继电器的技术规格

（1）一般继电器（见表2-2-2）

表 2-2-2   一般继电器的技术规格

序号	型　号	描　述
1	MY2J	DC24V，AC110V，AC220V，2 开 2 闭，触点 5A　　　　可替换：MY2
2	MY2NJ	DC24V，AC110V，AC220V，2 开 2 闭，触点 5A，LED 灯　　可替换：MY2N
3	MY4J	DC24V，AC110V，AC220V，4 开 4 闭，触点 5A　　　　可替换：MY4
4	MY4NJ	DC24V，AC110V，AC220V，4 开 4 闭，触点 5A，LED 灯　　可替换：MY4N
5	LY2J	DC24V，AC110V，AC220V，2 开 2 闭，触点 10A　　　可替换：LY2
6	LY2NJ	DC24V，AC110V，AC220V，2 开 2 闭，触点 10A，LED 灯　可替换：LY2N
7	LY4J	DC24V，AC110V，AC220V，4 开 4 闭，触点 10A　　　可替换：LY4
8	LY4NJ	DC24V，AC110V，AC220V，4 开 4 闭，触点 10A，LED 灯　可替换：LY4N
9	MK2P-I	DC24V，AC110V，AC220V，2 开 2 闭，触点 7.5A　　　可替换：MK2P
10	MK3P-I	DC24V，AC110V，AC220V，3 开 3 闭，触点 7.5A　　　可替换：MK3P
11	MY2NJ-D2	DC24V，有反向二极管，2 开 2 闭，触点 5A
12	MK4NJ-D2	DC24V，有反向二极管，4 开 4 闭，触点 5A
13	MY2NJ-CR	AC220V，有阻容吸收回路，2 开 2 闭，触点 5A
14	MK4NJ-CR	AC220V，有阻容吸收回路，4 开 4 闭，触点 5A
15	G2R-2-SND	DC24V，有反向二极管，2 开 2 闭，触点 5A，LED 灯
16	MK3HP	防爆继电器，DC 24V，AC 110V，3 开 3 闭

（2）固态继电器（见表 2-2-3）

表 2-2-3   固态继电器的技术规格

序号	型　号	描　述
1	G3NA-205B	额定电压 DC5～24V，负载 AC 24～240V，5A
2	G3NA-210B	额定电压 DC5～24V，负载 AC 24～240V，10A
3	G3NA-220B	额定电压 DC5～24V，负载 AC 24～240V，20A
4	G3NA-240B	额定电压 DC5～24V，负载 AC 24～240V，40A
5	G3NA-D210B	额定电压 DC5～24V，负载 DC 5～24V，10A

（3）继电器底座（见表 2-2-4）

表 2-2-4   继电器底座的技术规格

序号	型　号	描　述
1	PYF08A-E	导轨安装型，适用于 MY2J、MY2NJ、H3Y-2
2	PYF14A-E	导轨安装型，适用于 MY4J、MY4NJ
3	PTF08A-E	导轨安装型，适用于 LY2J、LY2NJ
4	PTF14A-E	导轨安装型，适用于 LY4J、LY4NJ
5	PF083A-E	导轨安装型，适用于 MK2P-I
6	PF113A-E	导轨安装型，适用于 MK3P-I
7	P2RF-08	导轨安装型，适用于 G2R-2

（续）

序号	型　　号	描　　述
8	P2CF-08	导轨安装型，8 脚插座，适用于 H3BA-N8H、H3CA-A8/A8E/H8L、H3CA-8/8H
9	P2CF-11	导轨安装型，11 脚插座，适用于 H3BA-N、H3CR-A、H3CA-A
10	P3G-08	面板安装型，8 脚插座
11	P3GA-11	面板安装型，11 脚插座
12	Y92F-30	面板安装夹，选用面板安装方式时需与面板安装型插座一起定购使用
13	Y92A-48B	硬塑料面板罩
14	PFP-100N	导轨，长度：1m
15	PYC-A1	MY/LY 系列安装卡子（100 个/包）

3. 触点关系

以 MY4N 为例说明常开、常闭触点关系，如图 2-2-13 所示。图中，13-14 间是线圈，带发光二极管。

1-9，2-10，3-11，4-12 间是常闭触点，即有 4 对常闭触点。

5-9，6-10，7-11，8-12 间是常开触点，即有 4 对常开触点。

图 2-2-13　欧姆龙继电器（MY4N）的触点关系

四、任务实施

1）展示常见光照度传感器、被动红外探测器、交直流中间继电器，通过阅读说明书了解它们的功能及安装要求。

2）明确光照度传感器、被动红外探测器接线端子上的符号含义并按要求进行接线。

3）对中间继电器的线圈、常闭触点、常开触点、接线端子进行区分。

五、问题

1）简述光照度传感器的原理。

2）简述被动红外传感器的原理。

3）简述中间继电器的工作原理。

任务三 智能照明监控系统的安装

一、教学目标

1) 认识各种工具外形，掌握各种工具的基本使用。

2) 清楚安装环境及设备特性。

3) 理解电气原理图及 DDC 的接续端口。

二、工作任务

1) 会使用各种工具。

2) 分析清楚电气原理图及接线要求。

3) 合理选择线材，在网板上进行安装。

三、相关实践知识

（一）环境设备

在实训室模拟的场景中进行安装。

1. 工具清单

工具清单见表 2-3-1。

表 2-3-1 工具清单

序 号	分 类	工具名称	型 号	单 位	数 量	备 注
1	敷线工具	穿管器		台	1	工程用
2		微弯器		台	1	工程用
3	安装器具	切割机		台	1	工程用
4		手电钻		台	1	工程用
5		冲击钻		台	1	工程用
6		对讲机		台	1	工程用
7		梯子		个	1	工程用
8		电工组合工具①		个	1	
9	测试器具	250V 绝缘电阻表		台	1	工程用
10		500V 绝缘电阻表		台	1	工程用
11		水平尺		把	1	工程用
12		小线		批	1	工程用
13	调试仪器	BA 专用调试仪器	信号发生器	台	1	工程用

① 电工组合工具包括8in（1in = 25.4mm）平嘴钳、5in 尖嘴钳、5in 斜嘴钳、5in 平口钳、5in 弯嘴钳、6in 活动扳手、30W 电烙铁、PVC 胶带、0.8mm 锡丝筒、吸锡器、剪刀、纸刀、镊子、锉刀、螺钉旋具、仪表用螺钉旋具、两用扳手、手电筒、测电笔、压线钳、防锈润滑剂、酒精瓶、刷子、助焊工具、IC 起拔器、防静电腕带、烙铁架、钳台、元器件盒、万用表、电钻、折式六角匙和电工工具包等。

2. 设备清单

设备清单见表 2-3-2。

表 2-3-2　设备清单

设备名称	型号	单位	数量	备注
光照度传感器	PSR-1-T-E	个	1	调光旋钮
荧光灯	常用	个	1	
壁挂式被动红外探测器	RT112PR	个	1	

(二) 识读系统图与接线图

1. 监控点表

监控点表见表 2-3-3。

表 2-3-3　监控点表

设备	AI	DI	DO	功能
光照度传感器	1			测试周围环境的光照度
红外传感器		1		是否有人靠近监控区域
MY4NJ			1	驱动线圈得电

2. DDC 的 I/O 端口接线图

DDC 的 I/O 端口接线图如图 2-3-1 所示。

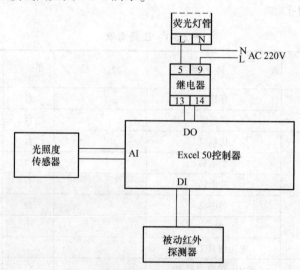

图 2-3-1　DDC 的 I/O 端口接线图

3. DDC 接线端子功能

DDC 接线端子见表 2-3-4。

表 2-3-4　DDC 接线端子

端子类型	AI		DI		DO	
端子号	33	34	23	24	3	4
功能	光照度传感器的输入		被动红外探测器的输入		DDC 输出，继电器线得电	

（三）安装

1. 线材选型

照明配电柜运行状态、手自动信号接线（DI），线缆选用 RVV2×1.0mm² 线缆，光照度传感器至控制箱的线缆均选用 RVVP 3×0.75mm² 多股屏蔽软线（一根线做备份）；控制启停（DO，开关量输出端口的最大耐压为 AC 220V，最大分断电流为 5A）的线缆选用 RVVn×1.5mm² 线缆。穿管或经电缆桥架由控制箱至照明配电柜。

2. 设备识别

（1）光照度传感器 PSR-1-T-E　如图 2-3-2 所示。

PSR-1 传感器是一种光敏电阻器，它可用来对输入光的存在进行识别。PSR-1-T 是一个 PSR-1 外加一个变送器，可产生一个 4～20mA 的输出信号，可给这种传感器加装全天候防护外壳（PSR-1-T-E）。

图 2-3-2　光照度传感器

1）主要技术参数。

◆输出（非线性）：＞1MΩ（无光时），＜1.5kΩ（强光时）。

◆工作温度：-25～75℃。

◆电压：DC 12～35V。

◆最大拉电流：22mA。

◆线性输出：4～20mA（极限输出电流 22mA）

2）标度变换：被测照度与输出电流的关系为

$$L(\%) = 100 \times (I-4)/16$$

式中　I——实际输出电流（mA）。

（2）被动红外探测器　具体内容见前文相关内容。

3. 安装

安装光照度传感器、被动红外探测器（两者安装在网板上）及 AC24V 继电器（安装在配电柜中），安装效果如图 2-3-3 所示。

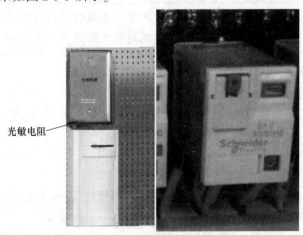

光敏电阻

图 2-3-3　安装效果图

四、任务实施

1）分析照明监控的任务，熟悉环境设备。

2）准备相应工具及线材。

3）根据任务及环境设备进行接线施工。

4）接线完备，通过编制相应程序来验证，如果监视状态与荧光灯真正运行状态不符，则要进行检查、修正，以便符合灯具的运行状态。

5）对施工现场的6S（整理、整顿、清扫、清洁、素养、安全）现场管理。

五、问题

1）光照度传感器如何安装？

2）被动红外探测器如何安装？

3）中间继电器如何安装？

任务四　智能照明监控系统的调试与维护

一、教学目标

1）明确对照明监控系统的检查与调试的三个方面及检测标准。

2）能按照要求对设备逐一进行检查、调试及维护。

二、学习任务

1）对施工现场的实际的设备（DDC、传感器、线路等）按照要求进行检测。

2）对安装好的设备进行调试及维护。

三、相关理论知识

> **注意**：对于此节所讲的智能照明监控系统的调试，不仅仅是针对前节所讲的在实训室模拟环境下的实训结果，还可以针对建筑内的实际照明监控系统。

（一）对照明监控系统的调试与维护

主要从以下三方面进行：

（1）现场设备验收　包括各类传感器、变送器、执行机构等进场验收，应符合下列规定：

1）查验合格证和随带技术文件，实行产品许可证和安全认证的产品应有产品许可证和安全认证标志。

2）外观检查：铭牌、附件齐全，电气接线端子完好，设备表面无缺损，涂层完整。

（2）现场设备调试与维护　包括传感器、执行器、被控设备。

传感器包括光照度传感器、被动红外探测器等；执行器包括继电器等；被控设备包括各种照明灯具。

（3）线路敷设 传感器输入信号与 DDC 之间的连接：采用 2 芯或 3 芯，每芯截面积规格大于 0.75mm^2 的 RVVP 或 RVV 屏蔽或非屏蔽铜芯聚氯乙烯绝缘，聚氯乙烯护套连接软电缆。

DDC 与现场执行机构之间的连接：采用 2 芯或 4 芯（如需供电），每芯截面积规格大于 0.75mm^2 的 RVVP 或 RVV 屏蔽或非屏蔽铜芯聚氯乙烯绝缘、聚氯乙烯护套连接软电缆。

DDC 之间、DDC 与控制中心之间的连接：用 2 芯 RVVP 或 3 类以上的非屏蔽双绞线连接。

（二）检查验收要点

1. 直接数字控制器（DDC）安装检测与维护

DDC 通常安装在被控设备机房中，就近安装在被控设备附近。在照明监控系统中，DDC 通常安装在配电箱中或附近的外墙上，用膨胀螺栓固定、安装。

安装要求：

1）DDC 与被监控设备就近安装。

2）DDC 距地 1500mm 安装。

3）DDC 安装应远离强电磁干扰。

4）DDC 的数字输出宜采用继电器隔离，不允许用 DDC 数字输出的无源触点直接控制强电回路。

5）DDC 的输入、输出接线应有易于辨别的标记。

6）DDC 安装应有良好接地。

7）DDC 电源容量应满足传感器、驱动器的用电需要。

2. 传感器的检测与维护

1）光照度传感器的检测：按设备说明书要求输入相应信号（0～10V，0～20mA），检查 DDC 输出端的电压和电流是否符合设计要求。

2）被动红外探测器的检测：主要进行走动测试（参见本项目任务二相关内容），来检测探测区域。

3. 执行器的检测与维护

执行器是继电器、被控设备、灯具等。对于它们的安装检测与维护，按照电气设备安装要求进行检测并进行维护。

（三）总体检查、调试与维护要求

1）检查照明系统的所有检测点 DI、DO 是否符合设计点表的要求。

2）检查所有检测点 DI、DO 接口是否符合 DDC 接口要求。

3）检查所有检测点 DI、DO 的接线是否符合设计图样的要求。

4）手动启/停照明系统的每一个被控回路，检查上位机显示、记录与实际工作状态是否一致。

5）在上位机控制照明系统的每一个被控回路，检查上位机的控制是否有效。

6）在上位机启动顺序、时间控制程序，检查每一个被控回路，是否符合设计要求。

四、任务实施

1）明确检查任务及目的，明确检查环节及设备，明确检查的标准，明确设备调试及维护要求。

2）对设备及线路进行检测及调试。

3）编制程序，进行调试与维护。

五、问题

1）写出照明监控系统的检测要点。

2）写出照明监控系统的总体调试要求。

项目小结

1）光的基本术语：发光强度、光通量等。

2）智能照明系统的组成结构。

3）智能照明系统的原理图分析。

4）传感器：光照度传感器、被动红外探测器的功能、具体安装要求及安装方法。

5）中间继电器：对线圈、常开触点或常闭触点要分清。

6）DDC 的 I/O 口接线时要注意信号类型及信号传输方向。

思 考 练 习

1）DDC 的 DO 端口能否直接驱动荧光灯，使荧光灯发光？

2）如何加入时间来控制？如到晚上 7 点，灯会自动亮；或者已到晚上 7 点且自然光照度不够且又有人到来，这时灯会发亮。

项目三 楼宇供配电监控系统的安装与维护

任务一 楼宇供配电监控系统认知

一、教学目标

1）掌握供配电系统中的相关基本知识。

2）分析楼宇供配电图，对图中所涉及的图形符号能说出对应的硬件设备。

3）分析楼宇供配电的监控系统图，对图中需要监测的点位的类型能分清。

4）分析楼宇供配电的监控点位表。

二、学习任务

1）联系供配电相关课程中的知识，理解供配电系统的基本概念及高低压供配电电路图。对高低压设备的名称、性能、使用都要有认识。

2）理解供配电监控原理图，理解对监测点进行监测的目的。

3）应用 CAD 软件绘制原理图。

4）分析本任务没有涉及的监控原理图或监控点位表。

三、相关理论知识

供配电系统的设计应遵从以下规范：GB 50052—2009《供配电系统设计规范》、GB 50045—1995《高层民用建筑设计防火规范》、JGJ 48—1998《商店建筑设计规范》、JGJ 62—1990《旅馆建筑设计规范》。

（一）基本概念

1. 电力系统、电力网

电力系统是由各种电压的电力线路将发电厂、变电所和电力用户联系起来的一个发电、输电、变电、配电和用电的整体，如图 3-1-1 所示。

为保证供电的可靠性和安全连续性，电力系统将各地区、各种类型的发电机、变压器、输电线、配电和用电设备等连成一个环形整体。

电力网包括电力系统中各级电压的电力线路及其联系的变电所。

输电网是指 35kV 及以上的输电

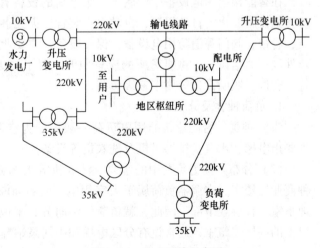

图 3-1-1 电力系统示意图

线路和与其相连接的变电所组成的网络。接在输电网上的变压器称为主变压器。

配电网由 35kV 以下的直接供电给用户的配电线路和配电变压器所组成。它的作用是将电力分配到各类用户。

3kV、6kV、10kV 等级的电压称为配电电压，把高压降为这些等级电压的降压变压器称为配电变压器。

低压是指 1kV 以下的电压；高压是指 1kV 及以上的电压。

2. 电力网的电压等级

电力网的电压等级是比较多的，不同的电压等级有不同的作用。从输电的角度看，电压越高，则输送的距离就越远，传输的容量越大，电能的损耗就越小；但电压越高，要求绝缘水平也越高，因而造价也越高。

目前，我国电力网的电压等级主要有 0.22kV、0.38kV、3kV、6kV、10kV、35kV、110kV、220kV、330kV、500kV 共 10 级，以及新近建设的 750kV 和 1000kV。

1）电网（电力线路）的额定电压：是确定各类电力设备额定电压的基本依据。

2）用电设备的额定电压：规定与同级电网的额定电压相同。

3）发电机的额定电压：规定高于同级电网额定电压的 5%。用电设备和发电机的额定电压如图 3-1-2 所示。

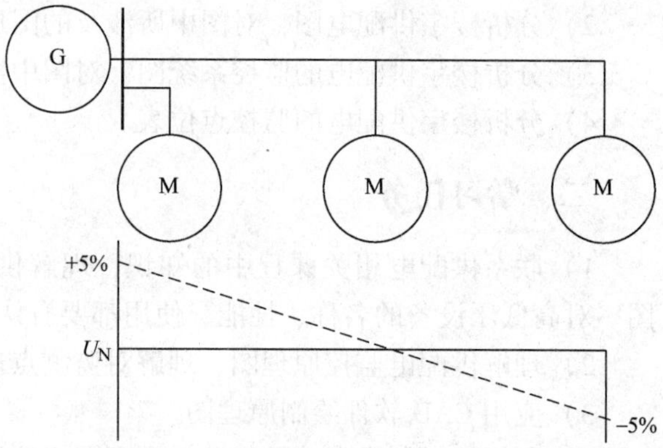

图 3-1-2　用电设备和发电机的额定电压

3. 用电负荷的分类

一级负荷：中断供电将造成人员伤亡、重大政治影响、重大经济损失、公共场所秩序严重混乱。

二级负荷：中断供电将造成较大政治影响、较大经济损失、公共场所秩序混乱。

三级负荷：凡不属一级和二级负荷者，均属于三级负荷。

在智能楼宇用电设备中，属于一级负荷的设备有：消防控制室、消防水泵、消防电梯、防排烟设施、火灾自动报警、自动灭火装置、火灾事故照明、疏散指示标志和电动的防火门窗、卷帘、阀门等消防用电设备；保安设备；主要业务用的计算机及外设、管理用的计算机及外设；通信设备；重要场所的应急照明。属于二级负荷的设备有：客梯、生活供水泵房等。空调、照明设备等属于三级负荷。

4. 负荷种类及分布

（1）种类　智能建筑的用电负荷一般可分为空调、动力、电热、照明等类。动力负荷主要指电梯、水泵、排烟风机及洗衣机等设备。

（2）分布　动力负荷中的水泵、洗衣机等大部分放在建筑物下部。对于全空调器的各种商业性楼宇，空调器负荷属于大宗用电，约占 40% ~ 50%。冷热源设备一般放在大楼的地下室、首层或下部。因此，就负荷的竖向分布来说，负荷大部分集中在下部。但在 40 层以上的高层建筑中，通常设有分区电梯和中间泵站等分区负荷。

5. 负荷中心

负荷中心实际上是最佳配电点，是供配电设计中一个重要的概念。

变配电所应尽量设在负荷中心，便于配电，节省导线，减少线路损耗，也有利于施工。一般来说，低压配电的最大半径为 300～400m。

在设计时，也往往由于各种实际因素，而不能将配电点布置在计算而得的负荷中心上。

6. 变压器的设置

通常变压器设置在建筑物的底部。

在 40 层以上的高层建筑中，宜将变压器按上、下层配置或者按上、中、下层分别配置。供电变压器的供电范围大约为 15～20 层。

为了减少变压器台数，单台变压器的容量一般都大于 1000kV·A。

由于变压器深入负荷中心而进入楼内，从防火要求考虑，不应采用一般的油浸式变压器和油断路器等在事故情况下能引起火灾的电气设备，而应采用干式变压器和真空断路器。

（二）楼宇供配电硬件系统

中大型楼宇的供电电压一般采用 10kV，有时也可采用 35kV。为了保证供电可靠性，应至少有两个独立电源，原则上是两路同时供电、互为备用。常用的高压供电方案如图 3-1-3 所示。

图 3-1-3a 为两路高压电源，正常时一用一备，即当正常工作电源事故停电时，另一路备用电源自动投入。此方案可以减少中间母线联络柜和一个电压互感器柜，对节省投资和减小高压配电室建筑面积均有利。这种接线方式要求两路都能保证 100% 的负荷用电。当清扫母线或母线故障时，将会造成全部停电。因此，这种接线方式常用在大楼负荷较小，供电可靠性要求相对较低的建筑中。

图 3-1-3b 为两路电源同时工作，当其中一路故障时，由母线联络开关对故障回路供电。这种接线方式是商用性楼宇、高级宾馆、大型办公楼宇常用的供电方案。它能保证较高的供电可靠性。

我国目前最常用的双电源主接线方案如图 3-1-4 所示，采用两路 10kV 独立电源，变压器低压侧采取单母线分段的方案。

对于规模较小的建筑，由于用电量不大，当地获得两个电源较困难，附近又有 400V 的备用电源时，可采用一路 10kV 电

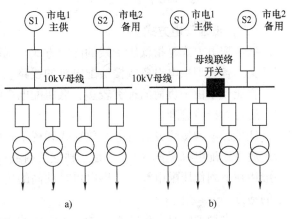

图 3-1-3　常用的高压供电方案图

a) 一用一备　b) 同时供电

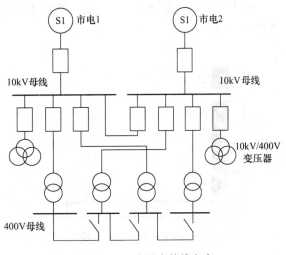

图 3-1-4　双电源主接线方案

源作为主电源，400 V 电源作为备用电源的高供低备主接线方案，如图 3-1-5 所示。

在楼宇供配系统中，必要时还需装设应急备用发电机组，如图 3-1-6 所示。

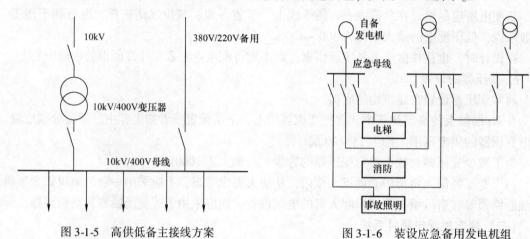

图 3-1-5　高供低备主接线方案　　　　图 3-1-6　装设应急备用发电机组

（三）低压配电方式

低压配电方式是指低压干线的配线方式。低压配出干线一般是指从配电所低压配电屏分路开关至各大型用电设备或楼层配电盘的线路。

智能楼宇由于负荷的种类较多，低压配电系统的组织是否得当，将直接影响楼宇用电的安全运行和经济管理。

低压配电的接线方式可分为放射式和树干式两大类。

放射式配电（见图 3-1-7）是一独立负荷或一集中负荷均由一单独的配电线路供电，它一般用在下列低压配电场所：供电可靠性高的场所；单台设备容量较大的场所；容量比较集中的地方。

对于大型消防泵、生活水泵和中央空调的冷冻机组，一是供电可靠性要求高，二是单台机组容量较大，因此考虑以放射式专线供电。对于楼层用电量较大的大厦，也采用一回路供一层楼的放射式供电方案。

树干式配电（见图 3-1-8）是一独立负荷或一集中负荷按它所处的位置依次连接到某一条配电干线上。

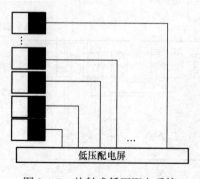

图 3-1-7　放射式低压配电系统

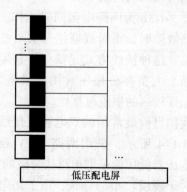

图 3-1-8　树干式低压配电系统

树干式配电所需配电设备及有色金属消耗量较少，系统灵活性好，但干线故障时影响范围大，一般适用于用电设备比较均匀，容量不大，又无特殊要求的场合。

混合式即放射-树干组合的方式，如图3-1-9所示。有时也称混合式为分区树干式。

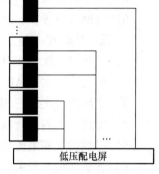

国内外智能楼宇低压配电方案基本上都采用放射式，楼层配电则为混合式。

在高层住宅中，住户配电箱多采用单极塑料小型断路器组装的组合配电箱。对一般照明及小容量插座采用树干式接线，即住户配电箱中每一分路开关带几盏灯或几个小容量插座；而对电热水器、窗式空调器等大功率的家电设备，则采用放射式供电。

图3-1-9 混合式低压配电系统

四、供配电系统的监控系统

（一）对供配电系统监控的必要性及功能

供配电系统是智能楼宇的命脉，因此电力设备的监控和管理至关重要。

1）监控系统对供配电设备的运行状况进行监控。

2）监控系统根据测量所得的数据进行统计、分析，以查找供电异常情况、预告维护保养，并进行用电负荷控制及自动计费管理。

3）电网的供电状况随时受到监视，一旦发生电网全部断电的情况，控制系统就会作出相应的停电控制措施，应急发电机将自动投入，确保消防、保安、电梯及各通道应急照明的用电，而类似空调器、洗衣房等非必要用电负荷可暂时不予供电。同样，复电时控制系统也将有相应的复电控制措施。

（二）监控内容

供配电系统的监控内容包括：高压侧监控、低压侧监控、变压器监控、应急发电机监控和直流操作电源监控等。

1. 高压侧监控内容

1）高压进线主开关的分合状态及故障状态监测。

2）高压进线三相电流监测，如图3-1-10所示。

3）高压进线AB、BC、CA线电压监测，如图3-1-11所示。

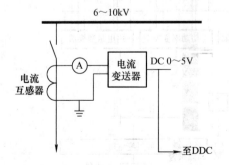

图3-1-10 高压线路的电流监测方法

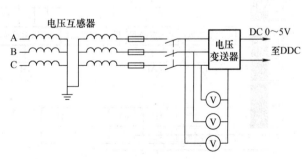

图3-1-11 高压线路的电压监测方法

4）高压进线频率监测。

5）功率因数监测。

6）电能计量等。

2. 低压侧监控内容

1）变压器二次侧主开关的分合状态及故障状态监测。

2）变压器二次侧 AB、BC、CA 线电压及电流监测。

3）变压器二次侧三相功率因数。

4）母线开关的分合状态及故障状态监测。

5）母线的三相电流监测。

6）各低压配电开关的分合状态及故障状态监测。

7）各低压配电出线三相电压、电流、功率及功率因数监测。

8）电量管理与分析等。

低压侧（380/220V）的电压及电流测量方法与高压侧基本相同。只不过是电流互感器的电压等级不同；低压端一般不需要电压互感器。

3. 变压器及应急发电机监控

1）变压器温度监测。

2）风冷变压器风机运行状态监测。

3）油冷变压器油温及油位监测。

4）发电机线路电气参数的监测，如电压、电流、频率、有功功率和无功功率等。

5）发电机运行状况监测，如转速、油温、油压、进出水温、水压、排气温度和油箱油位等。

6）发电机及相关线路状态检测等。

4. 监控原理图分析

直流蓄电池组的作用是产生 220V、110V、24V 直流电。它通常设置在高压配电室内，为高压主开关操作、保护、自动装置及事故照明等提供直流电源。为保证直流正常工作，变配电及应急发电设备监控系统监测各开关的状态，尤其要对直流蓄电池组的电压及电流进行监测及记录，若发现异常情况及时处理。

实例一：高低配电回路监控系统原理图（见图 3-1-12）。

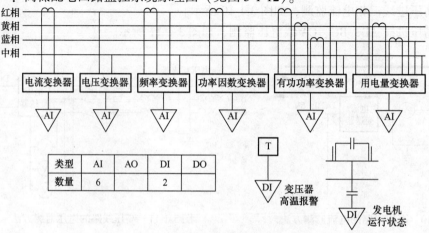

图 3-1-12　高低配电回路监控系统原理图

由图 3-1-12 可见，系统只有 AI 和 DI 点而无 AO 或 DO 点，也就是说，系统只有监测功能而没有控制功能，这显然不是很完美。但是，目前国内供配电系统独立性较强，考虑到安全等多种因素，此方案也常有应用。

实例二：低压配电系统监控原理图（见图 3-1-13）。

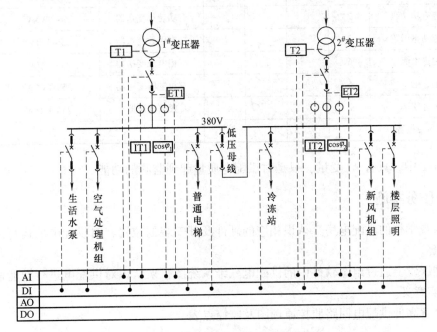

图 3-1-13　低压配电系统监控原理图

T—温度传感器/变送器　IT—电流变送器　ET—电压变送器　cosφ—功率因数变送器

由图 3-1-13 可知，系统也只是起监测功能而没有控制功能。

5. 变配电系统监控点表

变配电系统监控点表见表 3-1-1。

表 3-1-1　变配电系统监控点表

变配电系统	AI	DI	AO	DO	设备名称	设备型号	数量
高压母线状态	1						
高压进线状态	2						
高压进线故障	2						
高压主进电能	2				电能变送器	DTM-9	2
高压主进有功功率	2				有功功率变送器	256-TWMW	2
高压主进功率因数	2				功率因数变送器	256-TPTW	2
高压主进电流	6				三相电流变送器	253-TALW	6
高压主进电压	6				三相电压变送器	253-TVAW	6
高压主进频率	2				频率变送器	256-THZW	2
低压母线状态	2						
低压进线状态	2						

(续)

变配电系统	AI	DI	AO	DO	设备名称	设备型号	数量
低压进线故障报警	2						
低压主进电能	2				电能变送器	DTM-9	4
低压主进有功功率	2				有功功率变送器	256-TWMW	4
低压主进功率因数	2				功率因数变送器	256-TPTW	4
低压主进电流	6				三相电流变送器	253-TALW	12
低压主进电压	6				三相电压变送器	253-TVAW	12
低压主进频率	2				频率变送器	256-THZW	4
变压器高温报警	2						

表 3-1-1 中，只有 AI 变量，只是对供配电质量起到监测的功能。

五、任务实施

1）参观学校的供配电房，认识相应的硬件及其安装的位置，对供配电的运行系统进行全面的讲解。

2）在课堂上通过组态软件中的供配电三维系统图，来认识对供配电进行智能监控的重要性及现实意义。

3）讲解高低供配电回路监控原理图及监控点表。

六、问题

1）简述供配电网络中的基本概念。

2）简述母线开关的作用，到所在学校的供配电房参观，认识相应的硬件。

3）认识电压互感器及电流互感器硬件设备，对其性能及使用进行全面了解。

4）简述供配电监控原理图的监控原理。

5）如何实现对高低压供配电进行采集监测？如何判别供电质量？

任务二　楼宇供配电监控系统部件性能认知

一、教学目标

1）认识供配电监控系统需要的硬件设备，熟悉其性能及输出特性。

2）了解供配电监控硬件设备的安装要求。

二、学习任务

掌握供配电监控系统需要哪些常用硬件设备，这些硬件设备分别采集什么信号，是如何采集信号的。

三、相关理论知识

(一) 供配电系统的特点

1) 供配电系统是建筑物最主要的能源供给系统。

2) 对由城市电网供给的电能进行变换处理、分配，并向建筑物内的各种用电设备提供电能。

3) 以监测为主。

(二) 供配电系统的监控要点

1) 对供配电系统运行参数，如电压、电流、功率、功率因数、频率、变压器温度等进行实时检测，为正常运行时的计量管理和事故发生时的应急处理、故障原因分析等提供数据。

2) 对供配电系统与相关电气设备运行状态，如高低压进线断路器、母线联络断路器等各种类型开关当前的分合闸状态、是否正常运行等进行实时监视，并提供电气系统运行状态画面。

(三) 供配电监控系统的主要硬件设备

供配电监控系统的主要硬件设备包括电压、电流互感器；功率、功率因数、相位、频率等变送器；有功电能变送器 (电能脉冲发生器)；温度传感器；油位传感器或油位开关。

1. 交流电压变送器

电压变送器是一种将被测交流电压、直流电压、脉冲电压转换成按线性比例输出直流电压或直流电流并隔离输出模拟信号或数字信号的装置。采用普通传感器电压电流信号，输出电流信号：0 ~ 10mA、0 ~ 20mA、4 ~ 20mA；输出电压信号：DC 0 ~ 5V、DC 0 ~ 10V、DC 1 ~ 5V。

电压变送器分直流电压变送器和交流电压变送器，交流电压变送器是一种能将被测交流电流 (交流电压) 转换成按线性比例输出直流电压或直流电流的仪器，广泛应用于电力、邮电、石油、煤炭、冶金、铁道、市政等部门的电气装置、自动控制以及调度系统。交流电压变送器 (见图 3-2-1) 具有单路、三路组合结构形式。直流电压变送器是一种能将被测直流电压转换成按线性比例输出直流电压或直流电流的仪器，广泛应用在电力、远程监控、仪器仪表、医疗设备、工业控制等各个需要电量隔离测控的行业。

图 3-2-1　FZL 系列导轨安装型交流电压变送器

在楼宇供配电监控系统中，被测电压转换成按线性比例输出的直流电压，再通过信号处理/发送部分，向 DDC 发送。

FZL 系列导轨安装型交流电压变送器的技术参数如下：

1) 准确度 (精度)：通用工业级 0.5%，定制 0.2%。

2) 线性度：通用工业级 0.5%，定制 0.2%。

3) 额定工作电压：DC 24V(1 ± 20%)；极限工作电压≤35V；定制 AC 220V(1 + 15%)。

4) 电源功耗：DC 24V，静态 4mA，动态时与环路电流相等，内部限制 25mA(1 + 10%)，功耗 0.6W；定制 AC 220V，功耗 1W。

5）额定输入吸收功率：电流类型：≤1V·A；电压类型：≤1V·A。

6）额定输入：70V，100V，120V，250V，300V，450V，500V，600V，800V，1000V 或其他定制。

7）额定工作频率：50/60Hz。

8）输出形式：标准两线制 DC 4～20mA。

9）输出温漂系数：≤5×10⁻⁵/℃。

10）响应时间：≤100ms。

11）输出负载电阻：$R_L = (24V - 10V)/0.02A = 700\Omega$。

注：标准电压为24V时的负载电阻 $R_L = 700\Omega$；R_L 等于转换1～5V的250Ω电阻加上两根传输线路总铜阻。

12）输入过载能力：电流类型：1.5倍连续，30倍/s；电压类型：1.2倍连续，30倍/s。

13）输出过电流保护：内部限制25mA(1＋10%)。

14）两线端口瞬态感应雷击与浪涌电流抑制保护能力：瞬态抑制二极管（TVS）抑制冲击电流能力为35A/20ms/1.5kW。

15）两线端口设置有24V电源反接保护。

16）输入/输出绝缘隔离强度：AC 2000V/1min、1mA，或其他定制。

17）输入/输出绝缘电阻：≥20MΩ(DC500V)。

18）工作环境：－25～70℃，20%～90%无凝露。

19）贮存环境：－40～85℃，20%～90%无凝露。

20）安装方式：DIN-35mm 导轨安装及 M4 螺钉固定。

21）执行标准：GB/T 13850－1998《交流电量转换为模拟量或数字信号的电测量变送器》。

2. 交流电流变送器

电流变送器可以直接将被测主回路交流电流转换成按线性比例输出的 DC 4～20mA（通过250Ω电阻转换 DC 1～5V 或通过500Ω电阻转换 DC 2～10V）恒流环标准信号，连续输送到接收装置（计算机或显示仪表）。

电流变送器（见图3-2-2）一、二次侧高度绝缘隔离，两线制输出接线，辅助工作电源

a)   b)

图3-2-2 交、直流电流变送器

a) 交流电流变送器 b) 直流电流变送器

24V 与输出信号线 DC 4 ~ 20mA 共用，具有精度高、体积小、功耗小、频响宽、抗干扰等特点，国内首创 4 种补偿措施和 6 大全面保护功能，两线端口防感应雷能力强，还具有雷击波和突波的保护能力等优点，特别适用发电机、电动机、智能低压配电柜、空调器、风机、路灯等负载电流的智能监控系统。

电流变送器超低功耗，单只静态时功耗为 0.096W，满量程功耗为 0.48W，输出电流内部限制功耗为 0.6W。

在楼宇供配电监控系统中，将被测电流转换成按线性比例输出的直流电流，再通过信号处理/发送部分，向 DDC 发送。

电流变送器的技术参数如下：

1）精度：优于 0.5%。

2）非线性失真：优于 0.5%；

3）额定工作电压 V_{cc}：24V（1 ± 20%），极限工作电压：≤35V。

4）电源功耗：静态时 4mA，动态时相等于环路电流，内部限制 25mA（1 + 10%）。

5）额定输入：5A ~ 1kA（共 42 个规格）。

6）穿孔穿芯圆孔直径：9mm、12mm、20mm、25mm、30mm。

7）输出形式：两线制 DC 4 ~ 20mA；

8）输出电流温漂系数：≤5 × 10^{-5}/℃。

9）响应时间：≤100ms。

10）输入/输出绝缘隔离强度：AC 3000V/1min、1mA。

11）输出负载电阻：$R_{Lmax} = (V_{cc} - 10V)/20mA$。

注： 标准 V_{cc} = 24V 时的负载电阻为 700Ω；R_{Lmax} 等于 250Ω（转换 1 ~ 5V 的电阻）加上两根传输线路总铜阻。

12）输入过载保护：30 倍，1min；

13）输出过电流限制保护：内部限制 25mA（1 + 10%）。

注： 国际标准输出过电流限制保护：内部限制 25mA（1 + 10%）。

14）两线端口瞬态感应雷击与浪涌电流抑制保护能力：瞬态抑制二极管（TVS）抑制冲击电流能力为 35A/20ms/1.5kW。

15）两线端口设置有 24V 电源反接保护。

16）工作环境：-40 ~ 80℃，10% ~ 90% RH。

17）贮存温度：-50 ~ 85℃。

18）执行标准：GB/T 13850—1998。

电压变送器与电流变送器的应用如图 3-2-3 所示。

3. 功率变送器

FPW 功率变送器（见图 3-2-4）是一种能将被测有功功率和无功功率转换成与其成线性比例的直流电量输出，并能反映被测功率在线路中传输方向的仪器。配以适当仪表或仪器装置，可广泛用于电网测量电路，发电机组及对功率测量要求较高的用电部门。

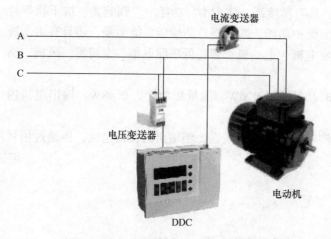

图 3-2-3　电压变送器与电流变器的应用

图 3-2-4　功率变送器

（1）主要技术特性

1）供电：220V，50Hz 交流电源。

2）输出信号：4～20mA。

3）工作条件：

环境温度：0～500℃；相对湿度：≤85%RH；工作振动频率：≤25Hz。

4）结构形式：导轨安装。

（2）接线端子结构　不同型号的功率变送器，其接线端子功能不同，需看具体说明书或面板进行接线。

（3）接线方式　功率变送器接线方式有三线制和四线制两种。图 3-2-5 所示为三线制接法，直接从现场引进三根线，为常用的接法。

图 3-2-5 中，7、8 脚接交流 220V 电源，9、10 脚是 4～20mA 电流信号输出至 DDC 的 AI 口，从而进行监测。

（4）注意事项

1）功率变送器出厂时各参数已经标定，一般不要轻易调节。特殊情况下，可以使用面板上的零点（Zero）微调器调节零点输出为 4mA，也可以用范围（Span）微调器适当调节输出范围。

2）无论采用三线制或者是四线制接法，都要保证良好的接地。

3）电压线和电流线都是取自互感器，电压线严禁短路，电流线严禁断路。

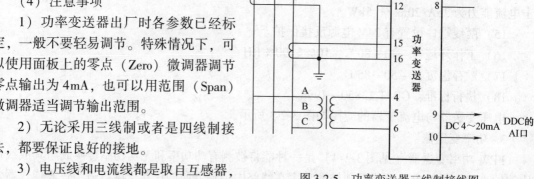

图 3-2-5　功率变送器三线制接线图

4. 功率因数变送器

功率因数变送器是一种将电网中的功率因数隔离变送成线性的直流模拟信号的装置，外形如图 3-2-6 所示。

（1）符合标准　GB/T 13850—1998、IEC-688。

（2）适用环境

工作温度：－10～55℃。

贮存温度：－25～70℃。

相对湿度：≤90%RH，不结露，无腐蚀性气体场所。

使用海拔：≤2500m。

图3-2-6　SPD功率因数变送器

（3）技术参数

1）输入信号

测量范围：AC 1A、5A，AC 100V、220V、380V。

过载：电流：持续1.2倍，瞬时电流10倍/1s；电压：持续1.2倍，瞬时电压2倍/1s。

频率：45～65Hz。

2）输出信号：DC 4～20mA、0～20mA、0～5V、0～10V。

（4）负载　电流输出时，≤600Ω；电压输出时，≥1000Ω。

（5）工作电源　AC 85～265V 或 DC 100～350V。

（6）温度漂移系数　准确度等级为0.5级时，≤$2×10^{-4}$/℃；准确度等级为0.2级时，≤10^{-4}/℃。

（7）响应时间　<400ms。

（8）绝缘电阻　≥100MΩ。

（9）准确度等级　0.5级、0.2级。

（10）工频耐压　2kV/1min，50Hz。

（11）安装方式　采用标准35mm导轨安装，或者用螺钉固定。

（12）接线方式　如图3-2-7所示。

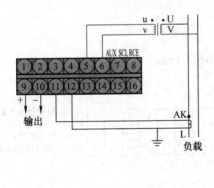
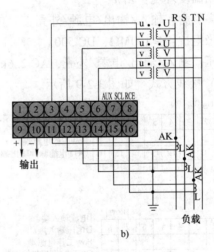

a)　　　　　　　　　　　　　　　　b)

图3-2-7　功率因数变送器接线方式

a) 单相功率因数变送器接线示意图　b) 三相功率因数变送器接线示意图

5. 有功电能变送器

有功电能变送器如图3-2-8所示。

电能变送器采用专用的能量变换电路把功率信号转换成脉冲信号（电能信号）。由于采用了专用的能量芯片，变送器有精度高、工作稳定、使用方便、性价比高等特点，可用于测量各种特性负载的单相、三相有功功率或无功功率电能。

（1）性能参数

精度：±0.2% 满量程。

输入频率范围：（50±3）Hz 或（60±3）Hz。

输入负载：≤0.1V·A（电流输入）；

≤0.2V·A（电压输入）。

工作电源：AC 110V（1±15%），50/60Hz；

AC 220V（1±15%），50/60Hz；

DC 24V、48V、110V，±15%。

电源变动影响：≤0.1%。

电源负载：≤4V·A，≤DC 3W。

波形变动影响：≤0.2% 第三谐波 30% 时。

输出负载影响：≤0.05%。

电磁平衡影响：0.1%。

相互间影响：0.1% 相对相之间。

电磁干扰影响：≤0.2% 400A。

满量程调整范围：≥5% 归零调整范围。

使用温度：0~60℃。

贮存温度：−10~70℃。

温度系数：≤10^{-4}，0~60℃。

使用温度环境：95%。

隔离能力：输入/输出/电源/外壳。

绝缘阻抗：≥100MΩ，DC 500V。

耐压：输入/输出/电源/外壳；AC 2.6kV，60Hz，1min。

（2）接线方式 如图 3-2-9 所示。

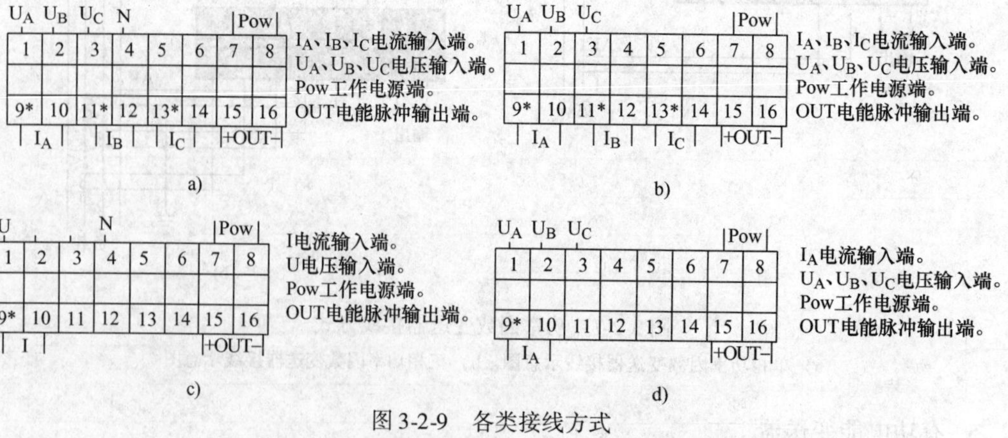

图 3-2-8 有功电能变送器

U_A U_B U_C N							Pow	
1	2	3	4	5	6	7	8	
9*	10	11*	12	13*	14	15	16	
I_A		I_B		I_C		+OUT−		

I_A、I_B、I_C 电流输入端。
U_A、U_B、U_C 电压输入端。
Pow 工作电源端。
OUT 电能脉冲输出端。

a)

U_A U_B U_C							Pow	
1	2	3	4	5	6	7	8	
9*	10	11*	12	13*	14	15	16	
I_A		I_B		I_C		+OUT−		

I_A、I_B、I_C 电流输入端。
U_A、U_B、U_C 电压输入端。
Pow 工作电源端。
OUT 电能脉冲输出端。

b)

U N							Pow	
1	2	3	4	5	6	7	8	
9*	10	11	12	13	14	15	16	
I						+OUT−		

I 电流输入端。
U 电压输入端。
Pow 工作电源端。
OUT 电能脉冲输出端。

c)

U_A U_B U_C							Pow	
1	2	3	4	5	6	7	8	
9*	10	11	12	13	14	15	16	
I_A						+OUT−		

I_A 电流输入端。
U_A、U_B、U_C 电压输入端。
Pow 工作电源端。
OUT 电能脉冲输出端。

d)

图 3-2-9 各类接线方式

a）三相四线功率电能变送器接线图 b）三相三线功率电能变送器接线图
c）单相功率电能变送器接线图 d）三相平衡负载功率电能变送器接线图
注：电能变送器标准输出：1000 脉冲/1kW·h。

四、任务实施

1）逐一展示各类配电传感器，通过说明书认识它们的接线方式及输出信号。

2）对这些变送器进行逐一认识：包括外形、性能及技术参数、安装及接线。

五、问题

列举电压、电流互感器，功率、功率因数、电能变送器的输入、输出性能及相应的接线要求。

任务三　楼宇供配电监控系统的安装

一、教学目标

1）通过一个模拟的安装环境，使学生清楚一个工程的安装流程及步骤。

2）认识各种工具、线材，熟练使用各种工具及线材的选用。

3）对电量变送器、电动机的安装要符合要求。

4）对所采集的信号与 DDC 端口的连接要正确。

二、实操任务

1）会使用相关工具，能根据需要选取线材。

2）正确安装电量变送器及电动机。

3）熟悉电动机的控制电路及主电路，会对电量变送器采集电压、电流信号的接线。

4）对安装完后的现场进行 6S 现场管理。

三、相关实践知识

本安装项目通过一个模拟的智能建筑工程项目的实际施工环境，让学生对建筑设备管理系统的供配电监控系统有一个完整的认识，可以进行一些简单的设计，同时培养学生具备熟练完成系统的安装与调试的能力。

（一）环境设备

所需工具、设备见表 3-3-1、表 3-3-2。

表 3-3-1　工具清单

序　号	分　类	工具名称	型　号	单　位	数　量	备　注
1	敷线工具	穿管器		台	1	工程用
2		微弯器		台	1	工程用
3	安装器具	切割器		台	1	工程用
4		手电钻		台	1	工程用
5		冲击钻		台	1	工程用
6		对讲机		台	1	工程用
7		梯子		个	1	工程用
8		电工组合工具[①]		个	1	

(续)

序号	分类	工具名称	型号	单位	数量	备注
9	测试器具	250V 绝缘电阻表		台	1	工程用
10		500V 绝缘电阻表		台	1	工程用
11		水平尺		把	1	工程用
12		小线		批	1	工程用
13	调试仪器	BA 专用调试仪器	信号发生器	台	1	工程用

① 电工组合工具包括 8in 平嘴钳、5in 尖嘴钳、5in 斜嘴钳、5in 平口钳、5in 弯嘴钳、6in 活动扳手、30W 电烙铁、PVC 胶带、0.8mm 锡丝筒、吸锡器、剪刀、纸刀、镊子、锉刀、螺钉旋具、仪表螺钉旋具、两用扳手、手电筒、测电笔、压线钳、防锈润滑剂、酒精瓶、刷子、助焊工具、IC 起拔器、防静电腕带、烙铁架、钳台、元件盒、万用表、电钻、折式六角匙和电工工具包等。

表 3-3-2 设备清单

序号	设备名称	型号	单位	数量	备注
1	智能电量变送器		套	1	一路
	三相异步电动机	Y80-2，1.1kW	台	1	
2	数字量信号线	RVV4×1.0mm²	m		
	模拟量信号线	RVVP4×1.0mm²	m		
	数字量控制线	RVV2×1.0mm²	m		
	模拟量控制线	RVVP2×1.0mm²	m		

注：实际工程还可以配置打印机、控制台、不间断电源等外设。

(二) 安装过程

(1) 识别监控点 (I/O) 表 监控点表见表 3-3-3。

表 3-3-3 监控点表

序号	控制功能要求	DI	DO	AI	AO	功能
1. 电能计量系统						
1	相电压 (V)			1		实时监测，显示相电压变化值
2	相电流 (A)			1		实时监测，显示相电流变化值
2. 动力配电系统						
1	三相电动机起/停状态	1				实时监测三相电动机工作状态 (起动/停止)；本地起动，红色指示灯"亮"
2	三相电动机起/停		1			起/停三相电动机
	小计	1	1	2	0	

(2) 识别系统原理图 如图 3-3-1 所示。

(3) 识别实物接线图 如图 3-3-2 所示。

(4) 识别端子接线表 见表 3-3-4。

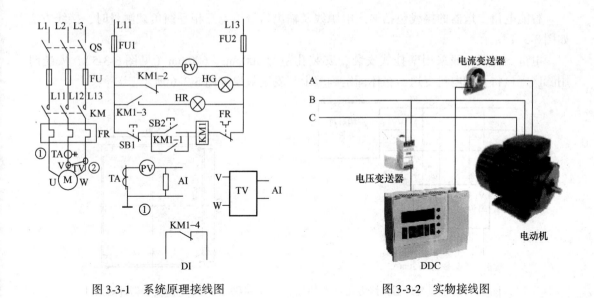

| 图 3-3-1 系统原理接线图 | 图 3-3-2 实物接线图 |

表 3-3-4 电动机运行 DDC I/O 端子接线表

端 子 类 型	端 子 号	外 接 设 备
AI1	33、34	电流变换器
AI2	35、36	电压变换器
DI	23、24	接触器辅助触点（判断电动机是否在运行）

（5）设备识别及安装　工程安装前，应对设备、材料和软件进行进场检验，并填写进场检验记录。对设备必须附有产品合格证、质检报告、"CCC"认证标志、安装及使用说明书等。如果是进口产品，则需提供原产地证明和商检证明、配套提供的质量合格证明、检测报告及安装、使用、维护说明书的中文文本。设备安装前，应根据使用说明书，进行全部检查，合格后方可安装。

1）智能电量变送器：采用全隔离技术，可直接采集交流电压、电流信号，可测量工频、电压、电流以及相位差和单相、三相平衡功率。

端子功能图如图 3-3-3 所示。

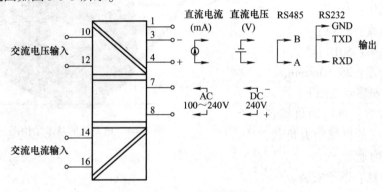

图 3-3-3　电量变送器端子功能图

智能电量变送器的接线包括输入电源线及输出信号线。三相平衡负载测量时，接线方法如图 3-3-4 所示。

电量变送器一般采用壁挂式安装，安装孔距为 500mm × 600mm（见图 3-3-5），安装时用膨胀螺栓将智能电量变送器箱体固定到墙上。安装效果如图 3-3-6 所示。

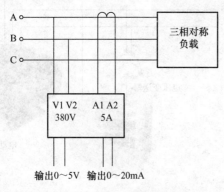

图 3-3-4　电量变送器接线方法

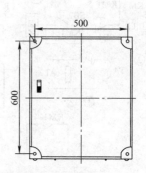

图 3-3-5　电量变送器外观尺寸

图 3-3-6　安装效果图

2）Y 系列电动机：适用于一般无特殊要求的机械与设备，如水泵、风机、机床等，该系列电动机容量和安装尺寸符合 IEC 标准的要求。电动机的基本结构如图 3-3-7 所示。

电动机主要技术参数如下：

◆ 额定功率：1.1kW；

◆ 额定电压：380V；

◆ 额定电流：2.5A；

◆ 额定频率：50Hz；

◆ 额定转速：28.10r/min。

电动机的安装要点如下：

◆ 安装位置：该电动机模拟供配电监控系统的机械动力负载，安装在实训室内地面。

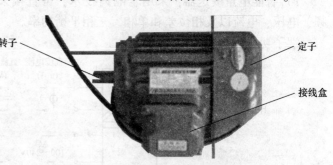

图 3-3-7　电动机的基本结构图

◆ 安装方法：落地安装。

◆ 接线：Y 系列电动机 3kW 以下为Y联结，4kW 以上为△联结。

通过电量（电流和电压）变送器采集的信号送入 DDC 的 AI 口中，从而监视电动机的运行情况。

四、任务实施

1）对电动机运行状态监测的任务要明确，环境设备熟悉。

2）准备相应工具及线材。

3）根据任务及环境设备进行接线施工。

4）接线完毕，通过编制相应程序来验证，如果监测状态与电动机真正运行状态不符，则要进行检查、修正，以便与电动机的运行状态相符。

5）对施工现场进行 6S 现场管理。

五、问题

1）说出安装电动机运行监控电路的流程。

2）对电动机运行状态的监测是通过采集什么信号来实现的？

3）电量变送器如何采集电流、电压信号？

4）如何把采集到的电流信号转换成电压信号送到 AI 口？需要串接多大的电阻？

5）电动机是否在运行/停止，是通过采集什么信号来判别的？

任务四　楼宇供配电监控系统的调试与维护

一、教学目标

1）明确供配电监控系统的检查、调试及维护的三个方面及检测标准。

2）能按照要求对设备逐一进行检查及维护。

二、学习任务

1）对施工现场的实际的设备按照要求进行检测，包括 DDC、传感器、线路等。

2）编制程序来调试及维护。

三、相关知识

（一）供配电监控系统的检查及维护

供配电监控系统的检查及维护主要包括以下三方面：

1. 现场设备验收

各类电量传感器、变送器等进场验收应符合下列规定：

1）查验合格证和随带技术文件，实行产品许可证和安全认证的产品应有产品许可证和安全认证标志。

2）外观检查：铭牌、附件齐全，电气接线端子完好，设备表面无缺损，涂层完整。

2. 现场设备调试及维护

根据现场各种电量变送器的安装说明来进行调试及维护。

3. 线路敷设

（1）传感器输入信号与 DDC 之间的连接　采用 2 芯或 3 芯，每芯截面积规格大于 $0.75mm^2$ 的 RVVP 或 RVV 屏蔽或非屏蔽铜芯聚氯乙烯绝缘，聚氯乙烯护套连接软电缆。

（2）DDC 与现场执行机构之间的连接　采用 2 芯或 4 芯（如需供电），每芯截面积规格大于 $0.75mm^2$ 的 RVVP 或 RVV 屏蔽或非屏蔽铜芯聚氯乙烯绝、缘聚氯乙烯护套连接软电缆。

（3）DDC 之间、DDC 与控制中心间　用 2 芯 RVVP 或 3 类以上的非屏蔽双绞线连接。

（二）检查验收要点

1. 直接数字控制器（DDC）安装

DDC 安装在被控供配电机房中，在墙上用膨胀螺栓固定、安装。

安装要求：

DDC 与被监控设备就近安装。

1）DDC 距地 1500mm 安装。

2）DDC 安装应远离强电磁干扰。

3）DDC 的数字输出宜采用继电器隔离，不允许用 DDC 数字输出的无源触点直接控制强电回路。

4）DDC 的输入、输出接线应有易于辨别的标记。

5）DDC 安装应有良好接地。

6）DDC 电源容量应满足传感器、驱动器的用电需要。

2. 传感器的检测

按设备说明书要求输入相应电压、电流、频率、功率因数和电量，检查相应变送器的输出是否满足设备性能和设计要求。注意严防电压型传感器的电压输入端短路和电流型传感器的输入端开路。

电量变送器把电压、电流、频率、有功功率、无功功率、功率因数和有功电能等电量转换成 $4\sim20mA$ 或 $0\sim10V$ 输出。

被测回路加装电流、电压互感器，互感器输出电流、电压范围应符合电流、电压变送器的电流、电压输入范围。变送器接线时，应严防电压输入端短路和电流输入端开路。变送器的输出应与现场 DDC 输入通道的特性相匹配。

（三）变配电系统的调试及维护

1）检查变配电系统所有检测点 DI、AI 是否符合设计点表的要求。

2）检查所有检测点 DI 接口是否符合 DDC 接口要求。

3）检查所有检测点 AI 的量程（电压、电流）与变送器的量程范围是否相符，接线是否正确。

4）比较上位机的电压、电流、有功功率、功率因数、电能显示读数与现场仪表显示读数，检测是否符合设计要求。

5）检查柴油发电机组的 DI、AI、DO 是否符合设计点表的要求。

6）检查柴油发电机组所有检测点 DI、AI、DO 接口是否符合 DDC 接口要求。

四、任务实施

1）明确检查任务及目的，明确检查环节及设备，明确检查的标准。

2）对设备及线路进行检测、调试及维护。

3）编制程序，进行调试及维护功能。

五、问题

1）写出供配电监控系统的检测要点。

2）写出供配电监控系统的总体调试与维护要求。

3）编制程序进行调试及维护。

项 目 小 结

1）供配电系统的功能、基本概念及术语。

2）能理解供配电系统图，判别高压端、低压端。

3）对供配电系统的监控主要通过各种电量变送器去采集、变送后得到标准电信号送入DDC 的 AI 端口。

4）对设备进行安装前，一定要读懂说明书，对它的安装要求及接线要求进行全面了解。

思 考 练 习

1）对供配电系统的监控，实际工程中往往只是进行监测，为什么？

2）Excel 50 控制器的 AI 端口只能接收电压信号，如何把电流变送器采集的电流信号转变成 AI 端口能接收的电压信号？

3）接触器常开触点、常闭触点状态变换与其主触点状态变换的关系是什么？

项目四　楼宇给水排水监控系统的安装与维护

任务一　给水排水监控系统认知

一、教学目标

1）联系给水排水相关课程，对给水排水系统性能做初步认识；看懂并理解各种给水排水方式图例。

2）理解给水排水的各种监控原理图，理解其监控原理。

3）理解给水排水监控点表。认识各种传感器，熟悉其功能及安装、接线方式。

二、学习任务

1）联系给水排水课程，能列举给水排水种类及方式。对任务中出现的几种给水图例，能说出其工作原理。

2）识读给水排水监控原理图；注意传感器的功能及与 DDC 的连接端口。

3）能用 CAD 软件绘制监控原理图。

三、相关理论知识

（一）给水系统

建筑给水系统的任务是将城市市政给水管网中的水输送到建筑物内各个用水点上，并满足用户对水质、水量、水压的要求。建筑给水系统应包括室外给水系统和室内给水系统两部分。室内给水系统按其供水对象的不同，基本可分为以下三类：生活给水系统、生产给水系统和消防给水系统，下面只以生活给水系统为例来讲解。

生活给水系统的供水方式见表4-1-1。

表 4-1-1　生活给水系统的供水方式

方 式 名 称	图　　例
高位水箱给水系统（重力给水系统）	

（续）

方 式 名 称	图 例
气压罐（气压水箱）给水系统	室内供水管网／气压罐／密封弹性气囊／城市供水管网／生活水泵／蓄水池
水泵直接给水系统	三区／二区／一区／低层／供水管网／供水管网／供水管网／供水管网／城市供水管网／生活水泵／蓄水池

（二）排水系统

建筑排水系统的任务是将卫生器具和生产设备所产生的污水迅速排入城市市政污水管道中，并为污水的处理提供便利。按其所排除污水的性质不同可分为以下两类：一是生活排水系统，排除人们在日常生活中所产生的洗涤污水和冲洗粪便污水等；二是生产排水系统，排除工矿企业在生产过程中所产生的污（废）水。

按建筑排水体制的不同又可分为分流排水与合流排水。

图 4-1-1 所示是一典型的家庭生活排水图。

（三）给水监控系统的认识

给水监控系统是智能楼宇中的一个重要系统，它的主要功能是通过计算机控制及时地调整系统中水泵的运行台数，以达到供水量和需水量、来水量和排水量之间的平衡，实现泵房的最佳运行，实现高效率、低能耗的最优化控制。BAS 给水监

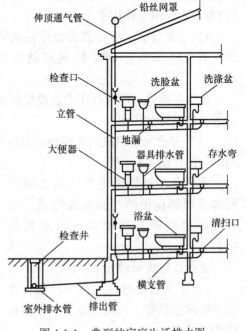

图 4-1-1 典型的家庭生活排水图

控对象主要是水池、水箱的水位和各类水泵的工作状态，例如：水泵的起/停状态、水泵的故障报警以及水箱高低水位的报警等。这些信号可以用文字及图形显示、记录和打印。

生活给水系统通常分两种形式：一是采用恒压（无水箱）供水，即应用变频装置改变水泵电动机转速，以适应用水量变化。供水系统由水泵和低处蓄水池（地下室）及管网构成。二是采用高位水箱供水，即在屋顶设高位水箱，在低处（地下室）设一低位水池，中间设置水泵。

1. 恒压（无水箱）供水

（1）变频调速恒压供水原理　恒压供水系统由压力传感器、PLC、变频器、水泵机组、阀门等。变频调速恒压供水原理图如图 4-1-2 所示。

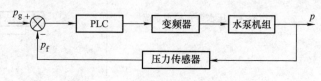

图 4-1-2　变频调速恒压供水原理图

系统采用压力负反馈控制方式；在水泵出水口干管上设压力传感器，实时采集管网压力信号，由 AI 通道送给 PLC 作为反馈信号与给定压力值进行比较；其差值由 PLC 经一定的控制算法输出控制信号改变变频器的输出频率，从而改变水泵电动机的转速，使水泵出口压力维持在所设定的数值上，达到恒压供水的目的。

（2）自动监测及报警、监控原理　自动监测及报警、监控原理图如图 4-1-3 所示。

1）在低位蓄水池处可设一液位传感器或压力传感器来检测水池液面位置。

2）当水池水位下降至下限（停泵水位）时，传感器向 DDC 送出信号，DDC 给水泵机组输送信号，使水泵自动停机。

3）当水位低于所设的低位报警水位时，系统报警，但此时水池通常仍有水（这部分水供消火栓用水）。

4）当水位低于所设消火栓停泵水位时，消火栓水泵受 DDC 控制自动停止运行。

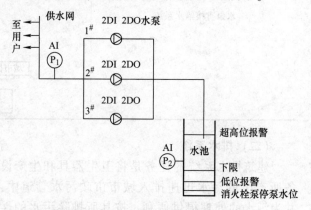

图 4-1-3　自动监测及报警、监控原理图

压力传感器可以通过压力连续检测水池液位，并把信号送入 DDC 中，而停泵和报警液位的设定是可改变的。

（3）多台水泵组成的变频调速恒压供水系统　多台水泵组成的变频调速恒压供水系统的结构图如图 4-1-4 所示。

水泵电动机的供电系统由工频电网和变频器提供的变频电源组成，由现场控制器和控制柜实现对水泵的控制。

运行及监控原理如下：

1）正常运行时，只有一台泵工作在变频调速状态，其他泵处于工频运行或停止状态。

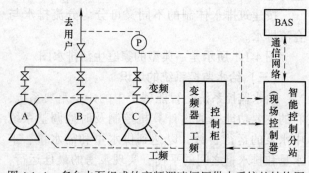

图 4-1-4　多台水泵组成的变频调速恒压供水系统的结构图

2）系统投入运行时，由变频器驱动 A 泵首先起动，其转速由零逐渐增加，管网水压逐渐升高。

3）当需水量增加时，管网压力减小，通过系统调节，变频器输出频率增加，水泵驱动电动机的转速增加，水泵出口流量增加。当变频器的输出频率增至工频 50Hz，水压仍达不到设定值时，现场控制器或 PLC 发出切换指令，水泵 A 切换至工频电网运行。同时又使水泵 B 接入变频电源软起动运行，依次类推，直到管道水压达到设定值为止。

4）若所有水泵全部投入，并且都在工频下运行，管道压力仍不能达到设定值时，则 DDC 控制器发出报警信号。

5）当需水量减少时，供水管道水压升高，通过系统调节，变频器输出频率减低，水泵电动机的转速降低，水泵出口流量减少。当变频器输出频率减至起动频率时，水压仍高于设定值，PLC 发出指令，将水泵 A 从工频电网切除，水泵 B 仍由工频电网供电，水泵 C 仍由变频器供电，对水压进行调节，维持供水压力的稳定。依次类推，直至水压降至设定值为止。

6）若需水量又增加时，DDC 仍按原顺序（A-B-C-A）控制水泵的起动运行。

2. 高位水箱供水

高位水箱供水如图 4-1-5 所示，一般的供水系统从原水地取水，通过水泵把水注入高位水箱，再从高位水箱靠其自然压力将水送到各用水点。下面举例说明不同高位水箱供水系统的监控。

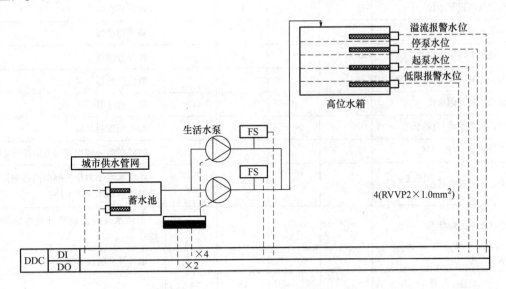

图 4-1-5 高位水箱供水

（1）高位水箱给水系统的监控

1）液位的监测。通过压力传感器和干簧管式液位开关等实现。

2）生活水泵的起/停控制。

起泵水位（DI）→DDC→生活水泵动力控制柜主接触器控制回路（DO）。

停泵水位（DI）→DDC→生活水泵动力控制柜主接触器控制回路（DO）。

3）水泵运行状态、故障状态的监控。

运行状态：生活水泵动力控制柜主接触器的辅助触点（DI）→DDC 或水流开关 FS 的状态（DI）→DDC。

故障状态：生活水泵动力控制柜热继电器的辅助触点（DI）→DDC→报警、起动备用泵。

生活水泵手动/自动状态：动力控制柜万能开关的位置。

4）报警。

水箱溢流水位（DI）→DDC→报警、停泵。

水箱低限报警水位（DI）→DDC→报警、起泵。

蓄水池的溢流水位（DI）→DDC→报警。

蓄水池的低限水位（DI）→DDC→报警。

5）设备运行时间的累计。DDC 累计水泵运行时间，每次优先起动累计运行时间少的水泵，延长设备的使用寿命。

6）控制点表，见表4-1-2。

表 4-1-2　控制点表

控制点描述	AI	AO	DI	DO	接 口 位 置
水箱溢流报警水位			1		液位传感器
水箱低限报警水位			1		液位传感器
生活水泵起泵水位			1		液位传感器
生活水泵停泵水位			1		液位传感器
蓄水池的溢流水位			1		液位传感器
蓄水池的低限水位			1		液位传感器
生活水泵手动/自动状态			1		动力柜控制电路
生活水泵起/停控制				4	DDC 的数字输出到动力柜控制电路
生活水泵运行状态			2		生活水泵动力柜控制电路接触器辅助触点（或水流指示器）
生活水泵故障状态			2		生活水泵动力柜热继电器的辅助触点
水流开关			2		水流开关的状态输出
总　　计			13	4	

（2）高位水箱供水系统监控原理（见图4-1-6）

（3）分区供水监控原理（见图4-1-7）

（4）气压罐给水监控原理（见图4-1-8）

气压罐给水方式检测、控制点表见表4-1-3。

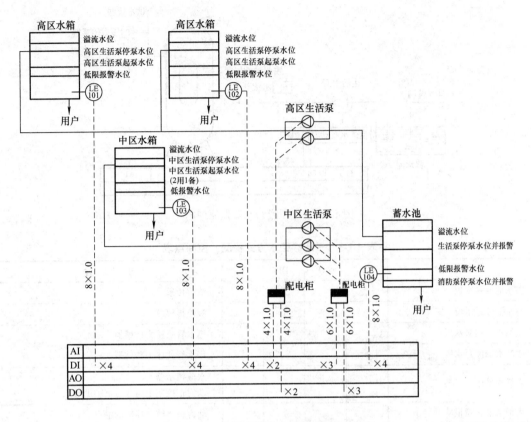

图 4-1-6　高位水箱供水系统监控原理图

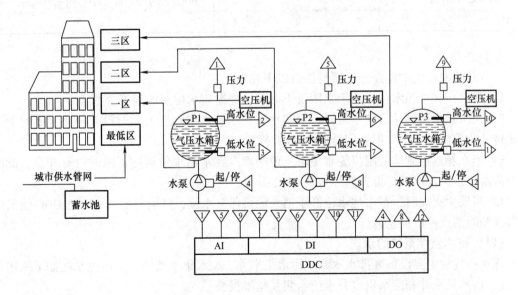

图 4-1-7　分区供水监控原理图

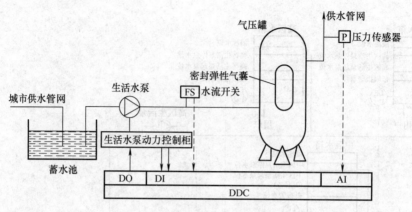

图 4-1-8　气压罐给水监控原理图

表 4-1-3　气压罐给水方式检测、控制点表

控制点描述	AI	AO	DI	DO	接 口 位 置
蓄水池最高水位			1		液位传感器
蓄水池最低水位			1		液位传感器
生活水泵起泵水压	1				用水管式压力传感器
生活水泵停泵水压	1				用水管式压力传感器
生活水泵运行状态			1		水流指示器
			1		动力柜控制电路接触器辅助触点
生活水泵故障报警			1		动力柜热继电器辅助触点
生活水泵手动/自动状态			1		动力柜控制电路万能开关的位置
生活水泵起/停控制				1	DDC 的数字输出接口到动力柜控制电路
总计	2		6	1	

3. 注意事项

学习对给水系统的监控，主要是注意以下几点：

1）高、中区水箱水位设有上上限及下下限，即溢流水位及低限报警水位。

2）当水箱水位到达溢流水位时，说明水泵在水箱水位到达上限时没有停止，此时上上限水位开关发出溢流水位报警信号送到 DDC 报警。

3）当水箱水位到达低限报警水位时，说明水泵在水箱水位到达下限时没有开启，此时下下限水位开关发出低位报警信号送到 DDC 报警。

4）当发生火灾时，蓄水池水位低于消火栓泵停泵水位，则信号送入 DDC，DDC 输出信号自动控制消火栓泵停止运行。

（四）排水监控系统的认识

排水系统的主要设备有排水水泵、污水集水井、废水集水井等。其监控功能如下所述：

1）污水集水井和废水集水井水位监测及超限报警。

2）根据污水集水井与废水集水井的水位，控制排水泵的起/停。当水位达到高限时，联锁起动相应的水泵；当水位达到超高限时，联锁起动备用泵，直到水位降至低限时联锁停泵。

3）排水泵运行状态的监测以及发生故障时报警。

室内排水系统的监控原理如图4-1-9所示。智能楼宇排水监控系统通常由水位开关、水流开关来反映系统的工作状态，并将信号送入 DDC 的 DI 端口。

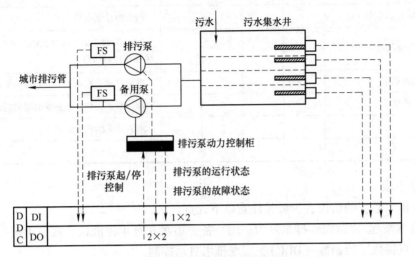

图 4-1-9　室内排水系统的监控原理图

1. 监控

（1）排污泵的起/停控制

起泵液位（DI）→DDC→排污泵动力控制柜主接触器控制回路（DO）。

停泵液位（DI）→DDC→排污泵动力控制柜主接触器控制回路（DO）。

（2）排污泵运行状态、故障状态的监控

运行状态：排污泵动力控制柜主接触器的辅助触点（DI）→DDC；或者水流开关 FS 的状态（DI）→DDC。

故障状态：排污泵动力控制柜热继电器的辅助触点（DI）→DDC→报警，起动备用泵。

排污泵手动/自动状态：动力控制柜万能开关的位置。

（3）报警

污水集水井溢流液位（DI）→DDC→报警，起动双泵排污。

污水集水井低限液位（DI）→DDC→报警，停泵。

（4）设备运行时间的累计　DDC 累计水泵运行时间，每次优先起动累计运行时间少的水泵，延长设备的使用寿命。

（5）监测、控制点表　见表4-1-4。

表 4-1-4　监测、控制点表

监测、控制点描述	AI	AO	DI	DO	接 口 位 置
污水集水井起泵液位			1		液位传感器的状态输出
污水集水井停泵液位			1		液位传感器的状态输出
污水集水井溢流报警液位			1		液位传感器的状态输出

（续）

监测、控制点描述	AI	AO	DI	DO	接口位置
污水集水井低限报警液位			1		液位传感器的状态输出
排污泵手动/自动状态			1		动力柜控制电路
排污泵的起/停控制				4	DDC 的数字输出接口到排污泵动力控制柜主接触器控制回路
排污泵的运行状态			2		排污泵动力控制柜主接触器的辅助触点
排污泵的故障状态			2		排污泵动力控制柜热继电器的辅助触点
水流开关			2		水流开关的状态输出
总计			11	4	

2. 注意事项

学习对排水系统的监控，主要是注意以下几点：

（1）排水泵起/停监控 排水泵为一用一备，集水井有 4 种液位，液位由液位传感器把信息传递给直接数字控制器（DDC），实现排水自动控制。

1）当集水井中水位超过起泵水位，液位传感器把信号送给 DDC，DDC 再把起泵信号送给工作泵，工作泵起动，实现排水功能。

2）当集水井中水位低于停泵水位时，液位传感器把信号送给 DDC，DDC 把信号送给工作泵，工作泵立即自动停止运行，排水过程结束。

3）当集水井中液位超过报警水位（溢流报警水位或低限报警水位）时，液位传感器把信号送至 DDC，DDC 再把信号送给备用泵，备用泵则立即自动起动。

（2）检测与报警

1）当水泵出现故障时，信号送给 DDC，系统自动报警。水泵运行时间、用电量自动累计。

2）当集水井中液位超过报警水位，液位传感器把信号送给 DDC，系统自动报警。

四、任务实施

1）参观学校水泵房，认识相关硬件设备及其相互间的连接，完成参观报告。

2）通过课堂上对给水排水系统的监控的动画演示，使学生对给水排水系统的智能监控有感性的认识及认识到具有现实的意义。

3）分析给水排水系统的监控原理图及控制点表。

五、问题

1）列举给水系统的几种常用方式。

2）列举给水监控系统需要哪些传感器，这些传感器采集什么信号，又输出什么信号。

3）用 CARE 软件、CAD 软件绘制给水监控系统图。

任务二　楼宇给水排水监控系统部件性能认知

一、教学目标

1）联系任务一，分析给水排水监控系统中需要监测的物理量及需要控制哪些设备。

2）熟悉给水排水监控系统中的传感器，对传感器的性能进行全面的了解及掌握，并能进行安装。

3）掌握对泵实施监控的措施。

二、学习任务

1）分析给水排水监控系统的原理图及监控点表分析。

2）掌握给水排水监控系统中的传感器的性能，并会安装传感器，能正确连接输入、输出的接线。

3）通过接触器、继电器来实现对泵的监控。

三、相关理论及实践知识

（一）给水排水系统的主要监控内容

总结任务一的监控点表，给水排水监控系统的主要监控内容有：

1）水箱液位的显示及报警。

2）水泵运行状态的显示及过载报警。

3）水压状态的显示。

4）水流量的显示。

5）水泵的起/停控制。

6）水泵运行时间的累计计算。

（二）给水排水系统的主要物理量

1）液位信号：控制液位、报警液位、指示液位。

2）压力信号：反映系统的运行状态。

3）压差信号：反映设备的运行状态。

4）流量信号。

5）温度信号。

6）运行状态信号。

（三）传感器性能的认知

给水排水监控系统是通过各种传感器采集以上介绍的物理量传入 DDC，而 DDC 通过分析这些信号并执行相应程序后，对给水排水进行控制。

1. 液位开关

水箱溢流报警水位、水箱低限报警水位、生活水泵起泵水位、生活水泵停泵水位、蓄水池溢流水位、蓄水池低限水位等关于水位的信号都是由液位开关提供的。

液位开关作为电气性液位检测方式，被广泛用于以大厦、集中住宅区的上下水道为主及钢铁、食品、化学、药品、半导体等各种工业用水、农业用水、净水场、污水处理等的液面控制。

（1）基本原理　以一般接收上水道供水的情况为例来进行说明。通常，在大厦、集中住宅区中，一旦接水槽接收供水后，就会将水送到设置在屋顶上的高位水槽内，然后再分配到各楼层。在高位水槽内，如果因水的消耗而导致水槽内的水位下降，可通过泵从接水槽中再进行补充。达到一定的水位后，即可停止。在高位水槽内，可以进行水位的控制，以保持上限和下限间的水位。图 4-2-1 所示是水槽的水位控制。

（2）常用液位开关的分类

1）按是否与被测介质接触分，分为接触式和非接触式。

接触式：包括浮球、压力、音叉、光电、电阻电容式等。

非接触式：包括雷达、超声波等。

2）按变送信号分，分为开关式和量程式等。

开关式：包括浮球、音叉、光电等。

量程式：包括雷达、超声波、压力、电阻电容电感式等。

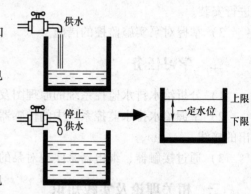

图 4-2-1　水槽的水位控制

（3）典型液位开关分析

1）电缆浮球式液位开关，外形如图 4-2-2 所示。

图 4-2-2　电缆浮球式液位开关

电缆浮球式液位开关是利用微动开关或水银开关做触点零件，当电缆开关以重锤为原点上扬一定角度时（通常微动开关上扬角度为 28°±2°，水银开关上扬角度为 10°±2°），开关便会有 ON 或 OFF 信号输出，电缆浮球式液位开关的安装如图 4-2-3 所示。

电缆浮球式液位开关的特点为结构简单，性能稳定，同时无毒、耐腐蚀，安装方便，价格低廉。它适用于清水、污水、油类及中度腐蚀性液体。

2）连杆浮球式液位开关，其示意图如图 4-2-4 所示，内部结构如图 4-2-5 所示。

3）干簧管式液位开关，按结构可分为中心型和偏置型（转换开关型），如图 4-2-6 所示。

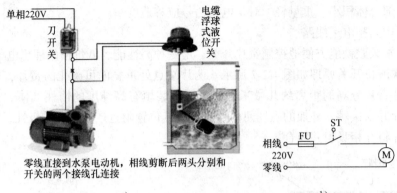

图 4-2-3　电缆浮球式液位开关的安装

a）实物图　b）电路图

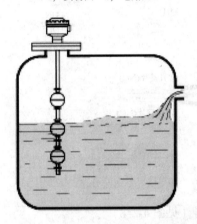

图 4-2-4　连杆浮球式液位开关的示意图

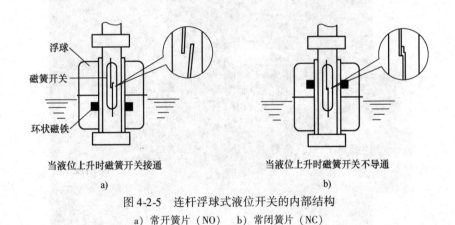

图 4-2-5　连杆浮球式液位开关的内部结构

a）常开簧片（NO）　b）常闭簧片（NC）

干簧管式液位开关的特点如下：

1）由于干簧管的触点被密封在玻璃管内，所以不受外界环境的影响，工作非常稳定。

2）用惰性贵金属铑（Rh）做成的触点，熔点高，能减少电弧放电对触点表面的损耗。铑触点硬度高，耐磨损，能维持更长的工作寿命。

3）簧片部分体积小、重量轻，对于电气信号应答速度快。

4）也适用高频电子线路。

5）利用永久磁铁能方便地控制簧片开关，是一种高性能、低价格的理想电子零部件。

干簧管式液位开关原理如图4-2-7所示。两片端点处重叠的可磁化的簧片，密封于一玻璃管中，两片簧片分隔的距离约几微米，玻璃管中装填有高纯度的惰性气体。在尚未操作时，两片簧片并未接触，外加的磁场使两片簧片端点位置附近产生不同的极性，结果两片不同极性的簧片将互相吸引并闭合。

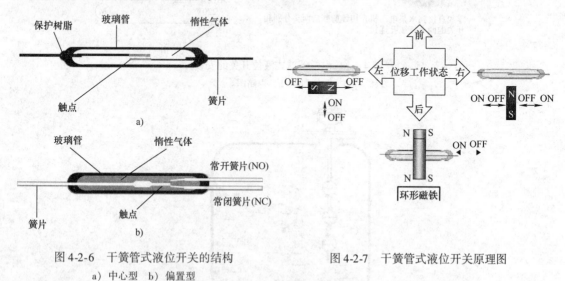

图4-2-6　干簧管式液位开关的结构
a）中心型　b）偏置型

图4-2-7　干簧管式液位开关原理图

（4）液位开关的综合应用（见图4-2-8）

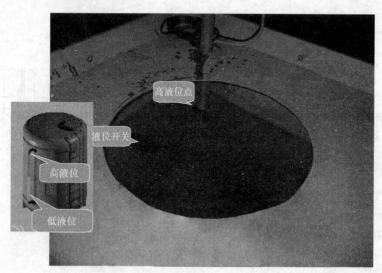

图4-2-8　液位开关的应用

联动关系：通过液位开关或液位变送器检测水箱的水位，低液位报警自动起动生活水泵，高液位报警自动停止生活水泵，排污泵起/停与生活水泵相反，同时监控水泵的运行、故障、手/自动状态。

2. 水流开关

水流开关可以感知管路中液体流量的变化，向外提供开关信号及反映液体流动状态。较为典型的应用是在联锁及需要断流保护的场合下应用水流开关。水流开关的外形如图4-2-9所示。

（1）特点　可以进行调节以适应不同流量；外壳采用密封结构，内部零件采用不锈钢，保证流量开关可靠工作；输出采用微动开关保证动作灵敏。

（2）技术参数

1）最大工作压力：1.35MPa。

2）液体温度：0～120℃。

3）输出信号：SPDT（单刀双掷）开关。

图4-2-9　水流开关的外形

4）负荷能力：AC 15A/220V。

5）连接方式：1in，3/4in/1in 外螺纹。

6）管路方式：DN25～DN250。

7）重量：0.6kg。

3. 压力式（压电电阻）变送器

压力式变送器依据液体重量所产生的压力对液位进行测量。由于液体对容器底面产生的静压力与液位高度成正比，因此通过测容器中液体的压力即可测算出液位高度。

对常压开口容器，液位高度 H 与液体静压力 P 之间有如下关系：

$$H = \frac{P}{\rho g}$$

压力式变送器有法兰式压差变送器、投入式压差变送器及压力表等。

（1）法兰式压差变送器　适用于密闭容器，如图4-2-10所示。

图4-2-10　法兰式压差变送器

（2）投入式压差变送器　适用于敞开容器，如图4-2-11所示。

（3）压力表（远传式、电节点式）　多用于管道，如图4-2-12所示。

图 4-2-11 投入式压差变送器

图 4-2-12 压力表

4. 泵的控制

泵的手/自动状态、运行状态、故障状态等的监测：水泵监控信号采自水泵的强电控制柜；水泵运行状态信号采自强电控制柜中的继电器辅助触点，故障状态信号采自热保护继电器的辅助触点，手/自动信号采自转换开关（DI 均为无源常开触点）。

配电柜需提供远程起/停端子。DDC 模块开关量输出（DO）端口的最大耐压为 AC 220V，最大分断电流为 5A。

（1）生活水泵的起/停控制

起泵水位（DI）→DDC→生活水泵动力控制柜主接触器控制回路（DO）。

停泵水位（DI）→DDC→生活水泵动力控制柜主接触器控制回路（DO）。

（2）生活水泵运行状态、故障状态的监控

运行状态：生活水泵动力控制柜主接触器的辅助触点（DI）→DDC；或者水流开关 FS 的状态（DI）→DDC。

故障状态：生活水泵动力控制柜热继电器的辅助触点（DI）→DDC→报警、起动备用泵。

生活水泵手动/自动状态：动力控制柜万能开关的位置。

（3）排污泵的起/停控制

起泵液位（DI）→DDC→排污泵动力控制柜主接触器控制回路（DO）。

停泵液位（DI）→DDC→排污泵动力控制柜主接触器控制回路（DO）。

（4）排污泵运行状态、故障状态的监控

运行状态：排污泵动力控制柜主接触器的辅助触点（DI）→DDC；或者水流开关 FS 的状态（DI）→DDC。

故障状态：排污泵动力控制柜热继电器的辅助触点（DI）→DDC→报警、起动备用泵。

排污泵手/自动状态：动力控制柜万能开关的位置。

对泵控制的电路如图 4-2-13 所示。

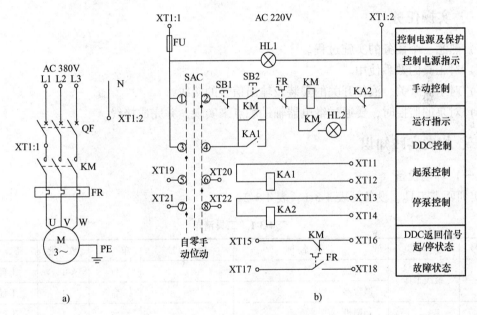

图 4-2-13　对泵控制的电路图

a）主电路　b）控制电路

四、任务实施

1）分析给水排水系统监控原理图，逐一列出传感器表。

2）实物或图片演示各种传感器，分析性能及技术指标，安装及接线要求。

五、问题

1）给水排水监控系统监控哪些物理量，分别采用什么传感器？

2）各类传感器与 DDC I/O 口的连接要求是什么？

3）画出对泵控制的电路图，并写出工作原理。

任务三　楼宇给水排水监控系统的安装

一、教学目标

1）通过一个具体的安装任务的实施，使学生了解、熟悉安装流程：准备、实施及完成。

2）对工具熟练使用。

3）完成对水流开关、液位开关的安装及接线。

4）DDC 的 DI 端口不够用时，需借用 AI 端口，接线时需用到 31 端口。要引起重视。

二、实操任务

1）熟悉一个任务的实施过程。

2）对工具的熟悉使用。

3）对水流开关、液位开关的安装及输出信号的接线。

4）对泵的监控时，要通过继电器辅助触点来实现，并完成接线。

三、相关实践知识

（一）环境设备

实训所需工具、设备见表 4-3-1、表 4-3-2。

表 4-3-1　工具清单

序　号	分　　类	工 具 名 称	型　号	单　位	数　量	备　注
1	敷线工具	穿管器		台	1	工程用
2		微弯器		台	1	工程用
3	安装器具	切割机		台	1	工程用
4		手电钻		台	1	工程用
5		冲击钻		台	1	工程用
6		对讲机		台	1	工程用
7		梯子		个	1	工程用
8		电工组合工具①		个	1	工程用
9	测试器具	250V 绝缘电阻表		台	1	工程用
10		500V 绝缘电阻表		台	1	工程用
11		水平尺		把	1	工程用
12		小线		批	1	工程用
13	调试仪器	BA 专用调试仪器	信号发生器	台	1	工程用

① 电工组合工具，包括平嘴钳、尖嘴钳、斜嘴钳、平口钳、弯嘴钳、活扳手、30W 电烙铁、PVC 胶带、0.8mm 锡丝筒、吸锡器、剪刀、纸刀、镊子、锉刀、螺钉旋具、仪表螺钉旋具、两用扳手、手电筒、测电笔、压线钳、防锈润滑剂、酒精瓶、刷子、助焊工具、IC 起拔器、防静电腕带、烙铁架、钳台、元件盒、万用表、电钻、折式六角匙和电工工具包等。

表 4-3-2　设备清单

序　号	分　类	设 备 名 称	型　号	单　位	数　量
1	现场设备	液位开关	UK—201 球形	个	4
2		水流开关	HFS—25	个	2
3	DDC	DDC	Excel 50	个	1
4		DDC 控制箱		个	1
5	其他	控制系统配电柜	600mm×300mm×1200mm	套	1
6		工作指示灯	220V，红色、绿色	个	6
7		网孔实训台	900mm×700mm×1600mm	张	1

注：实际工程还可以配置打印机、控制台、不间断电源设备等外设。

（二）安装过程

1. 识别监控点表

监控点表见表 4-3-3。

表 4-3-3　监控点表

监控点描述	AI	AO	DI	DO	接 口 位 置
水箱溢流报警水位			1		液位传感器
水箱低限报警水位			1		液位传感器
生活水泵起泵水位			1		液位传感器
生活水泵停泵水位			1		液位传感器
生活水泵起/停控制				2	DDC 的数字输出到动力柜控制电路
生活水泵运行状态			2		生活水泵动力柜控制电路接触器辅助触点（或水流指示器）
水流开关			2		水流开关的状态输出
总计			8	2	

2. 识别系统原理图

给水系统原理如图 4-3-1 所示。

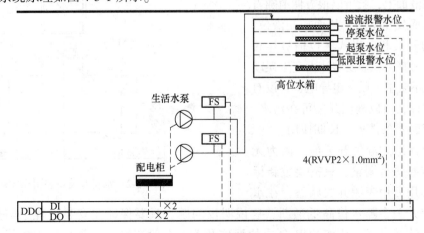

图 4-3-1　给水系统原理图

3. 端子功能表（见表4-3-4）

因为 DI 点不够用，需借用 AI 点，所以需用到 31 端口。

表4-3-4 各端子功能

DI1		DI2		DI3		DI4		AI7		AI8		AI5		AI6		DO1	
23	32	25	32	27	32	47	32	47	31	45	31	41	31	43	31	3	4
溢流液位开关		停泵液位开关		起泵液位开关		低限位液位开关		泵1水流开关		泵2水流开关		泵1运行状态		泵2运行状态		泵的起/停	

4. 设备识别及安装

工程安装前，应对设备、材料和软件进行进场检验，并填写进场检验记录。设备必须附有产品合格证、质检报告、"CCC" 认证标志、安装及使用说明书等。如果是进口产品，则需提供原产地证明和商检证明，配套提供的质量合格证明，检测报告及安装、使用、维护说明书的中文文本。设备安装前，应根据使用说明书，进行全部检查，合格后方可安装。

下面重点介绍传感器、控制器等主要设备在虚拟工程安装条件下的安装。最后对工程调试、系统试运行做简单介绍。

（1）水流开关的安装要求

1）水流开关应安装在便于调试、维修的地方。

2）水流开关应安装在水平管段上，垂直安装。不应安装在垂直管段上。

3）水流开关不宜在焊缝及其边缘上开孔和焊接安装。水流开关的开孔与焊接应在工艺管道安装时同时进行，且必须在工艺管道的防腐和试压前进行。

4）水流开关安装应注意水流叶片与水流方向。

5）水流叶片的长度应大于管径的 1/2。

6）选用 RVV 或 RVVP2 × 1.0mm² 线缆连接现场 DDC。

水流开关安装图样如图 4-3-2 所示。

（2）液位开关的安装要求　液位开关吊起放在液面上，就可以很方便地随着液位的变化而发出信号，从而控制液位。与一般浮动开关和电极式液位信号计相比，不会因为脏物、油及泡沫而产生误动作，另外也不要求介质一定导电，且没有怕腐蚀的零件，所以液位开关可在污水、药液、油等恶劣条件下，长期使用。

在安装浮球式液位开关前，因为无法对开关本身进行调整，只需要重新标定水位线。用万用表测开关状态，在水线附近液位开关会随水位高低通断，这说明没问题。只要保证在安装过程中与热力设备的水位线一致就可以。比如 SOR 公司的液位开关，一般在筒壁上都贴着水位线，把液位

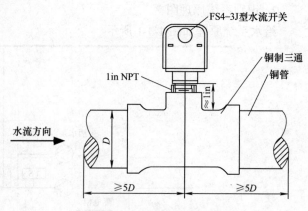

图 4-3-2　水流开关安装图样

开关泡在水槽中，慢慢下沉，使水面逐渐靠近标志线，最靠近时会听到微动开关动作的声音。

需要注意的是，高液位开关等的工作温度高，设备中的水温也高；高温水的密度要小于室温水密度。因而室温水的动作线比开关标志线要低些。

液位低报警接常闭触点（NC），液位高报警接常开触点（NO）。液位开关本身都会带两对以上的微动开关，分别输出两对常开触点两对常闭触点，在应用时通常是"接通报警"。

液位开关的安装如图 4-3-3 所示。

（3）泵的控制　配电柜的内部接线如图 4-3-4 所示。

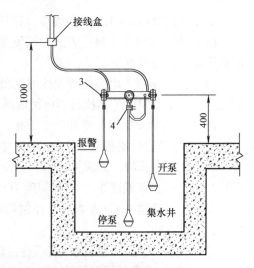

图 4-3-3　液位开关的安装图

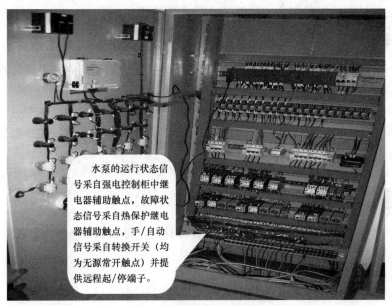

水泵的运行状态信号采自强电控制柜中继电器辅助触点，故障状态信号采自热保护继电器辅助触点，手/自动信号采自转换开关（均为无源常开触点）并提供远程起/停端子。

图 4-3-4　配电柜的内部接线图

继电器与 DDC I/O 口接线图如图 4-3-5 所示。

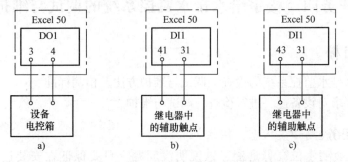

图 4-3-5　继电器与 DDC I/O 口接线图

a）泵起/停控制　b）泵 1 的运行状态监测　c）泵 2 的运行状态监测

线缆选用 RVVn×1.5mm² 线缆，穿管或经电缆桥架由控制箱连接至现场配电柜。

DI 输入跨接线为干触点方式，线缆选用 RVV2×1.0mm² 线缆，穿管或经电缆桥架由控制箱连接至现场配电柜。

（4）注意事项　电缆方式走线时芯线必须为不同颜色，多于 6 芯时，最多允许两根线同色；同一工程同一传感执行器电缆线颜色必须一致。

（5）线路敷设原则　避开电磁干扰，路由最短。

1）设备敷线时必须在现场设备端与控制箱端同时挂牌。线牌应为有机玻璃或塑料材质，严禁使用金属牌。线牌标注内容为设备名称及位号，位号必须与系统图标注元器件名称序号相同（如新风温度 T1、回风湿度 H3、冷水阀 TV1、热水阀 TV2 等）。现场设备端线牌位置应在距电缆端头 1m 左右处，控制箱端应在 1.5m 左右处。接线及施工完毕后线牌必须保留，不得拆卸。

2）电缆线无论在现场设备端还是控制箱端，接线前必须留出不少于 1m 的裕量。

3）屏蔽线进柜后屏蔽层应在柜内一侧相互绞接，通过连接地线（黑色）接到箱体地线接口（PE）上，外露的屏蔽层必须用胶带进行绝缘处理。

四、任务实施

1）明确给水排水监控系统的任务要求及实训环境，清点需要用到的工具及传感器设备。

2）准备相应工具及线材。

3）根据任务及环境，对设备进行接线施工。

4）接线完成后，通过 CARE 软件编制程序来对系统的运行进行监控，根据监控情况对接线进行修正。

5）安装完毕，进行 6S 现场管理。

五、问题

1）学会分析监控任务，根据任务要求准备工具、设备，布置场地等。

2）水流开关、液位开关的安装过程需注意什么？

3）线材的选取与敷设有什么注意事项？

4）泵的监控是怎样接线的？请画出接线原理图。

5）安装过程有哪些注意事项？

任务四　楼宇给水排水监控系统的调试与维护

一、教学目标

1）明确给水排水监控系统的检查、调试与维护方法及检测标准。

2）能按照要求对设备逐一进行检查、调试与维护。

二、学习任务

1）对施工现场的实际设备按照要求进行检测，如 DDC、传感器、线路等。

2）编制程序来调试及维护功能。

三、相关实践知识

(一) 给水排水监控系统的调试与维护

主要从以下三方面进行。

1. 现场设备验收

各类传感器、变送器、执行机构等进场验收应符合下列规定：

1) 查验合格证和随带技术文件，实行产品许可证和安全认证的产品应有产品许可证和安全认证标志。

2) 外观检查：铭牌、附件齐全，电气接线端子完好，设备表面无缺损，涂层完整。

2. 现场设备调试与维护

现场设备即传感器、执行器、被控设备，它们的调试与维护主要根据安装说明书进行。

3. 线路敷设

传感器输入信号与 DDC 之间的连接：采用 2 芯或 3 芯，每芯截面积规格大于 $0.75mm^2$ 的 RVVP 或 RVV 屏蔽或非屏蔽铜芯聚氯乙烯绝缘护套连接软电缆。

DDC 与现场执行机构之间的连接：采用 2 芯或 4 芯 (如需供电)，每芯截面积规格大于 $0.75mm^2$ 的 RVVP 或 RVV 屏蔽或非屏蔽铜芯聚氯乙烯绝缘护套连接软电缆。

DDC 之间、DDC 与控制中心之间的连接：用 2 芯 RVVP 或 3 类以上的非屏蔽双绞线。

(二) 现场设备的安装检测

1. 直接数字控制器 (DDC) 的安装检测

DDC 通常安装在被控设备机房中，就近安装在被控设备附近。在给水排水监控系统中，DDC 通常安装在水泵房中，安装在墙上，用膨胀螺栓固定。

安装要求：DDC 与被监控设备就近安装。

1) DDC 在距地 1500mm 的位置安装。

2) DDC 安装应远离强电磁干扰。

3) DDC 的数字输出宜采用继电器隔离，不允许用 DDC 数字输出的无源触点直接控制强电回路。

4) DDC 的输入、输出接线应有易于辨别的标记。

5) DDC 安装应有良好接地。

6) DDC 电源容量应满足传感器、驱动器的用电需要。

2. 传感器的检测

液位传感器主要是检测水箱水的上下液位高度值，输出一个开关量。通过注入水达到或超过液位值，改变触点状态，检查上位机显示、记录与实际输入是否一致。

(三) 总体检查、调试要求

给水排水系统的调试应在所有的供水泵、排水泵、污水泵等设备都能正常工作的情况下进行。

1) 检查给水排水系统的所有检测点 DI、AI、DO、AO 是否符合设计点表的要求。

2) 检查所有检测点 DI、AI、DO、AO 接口设备是否符合 DDC 接口要求。

3) 检查所有检测点 DI、AI、DO、AO 的接线是否符合设计图样的要求。

4) 检查所有传感器、执行器安装、接线是否正确。

5）手动起/停系统的每一台水泵，检查上位机显示、记录与实际工作状态是否一致。

四、任务实施

1）明确检查的任务及目的，明确检查的环节及设备，明确检查的标准。
2）对设备及线路进行检测及调试。
3）编制程序进行调试及维护功能。

五、问题

1）写出给水排水监控系统的检测要点。
2）写出给水排水监控系统的总体调试要求。
3）编制程序来调试及维护功能。

项目小结

1）总结给水排水系统各种方式的原理及硬件结构。
2）总结给水排水监控系统的原理图及监控点表。
3）总结压力传感器、流量传感器、液位传感器等的性能、安装、接线要求。

思考练习

1）怎样实现给水排水监控系统水泵一用一备的程序设计？
2）设计程序实现由液位传感器检测到水箱中的水位值来自动控制水泵的起/停。

项目五　电梯监控系统的安装与维护

任务一　电梯监控系统认知

一、教学目标

1）能联系电梯相关课程，对电梯的硬件结构、运行原理、分类等进行全面熟悉及理解。

2）认识对电梯运行监控的目标及要求，能读懂监控原理图。认识到对电梯的监控其实只进行运行的监视，而不是控制。

3）用 CAD 软件绘制电梯监控图。

4）根据对电梯的监控要求用 CARE 软件编制电梯的监控程序，在模拟板上进行验证。

二、学习任务

1）工作原理、电梯结构。

2）DDC 对电梯监控目的。

3）用 CAD 软件绘制电梯监控图。

4）根据控制要求，用 CARE 软件设计控制程序。

三、相关理论知识

（一）电梯硬件系统

1. 电梯的定义

根据 GB/T 7024—2008《电梯、自动扶梯、自动人行道术语》规定，电梯应为服务于建筑物内若干特定的楼层，其轿厢运行在至少两列垂直于水平面或与铅垂线倾斜角小于 15°的刚性导轨运动的永久运输设备。

电梯是一种间歇动作的、沿垂直方向运行的、由电力驱动的、方便完成载人或运送货物任务的升降设备，在建筑设备中属于起重机械。

自动扶梯和自动人行道，按专业定义属于一种在倾斜或水平方向上完成连续运输任务的输送机械，只是电梯家族中的一个分支。

2. 电梯结构及组成部分

电梯是机与电紧密结合的复杂产品，其基本组成包括机械部分与电气部分，如图 5-1-1 所示。

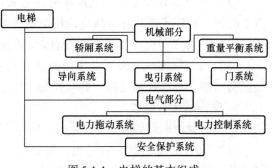

图 5-1-1　电梯的基本组成

从空间上考虑，电梯一般划分为以下几部分，如图 5-1-2 所示。

1）机房部分：包括电源开关、曳引电动机、控制柜、选层器（每层上的限位开关）、导向轮、减速器、限速器、极限开关、制动抱闸装置、机座等。

2）井道部分：包括导轨、导轨支架、对重装置、缓冲器、限速器、张紧装置、补偿链、随行电缆、底坑及井道照明等。

3）层站部分：包括层门、呼梯装置、门锁装置、层站开关门装置、层楼显示装置等。

4）轿厢部分：包括轿厢、轿门、安全钳装置、平层装置、安全窗、导靴、开门机、轿内操纵箱、指层灯、通信及报警装置等。

3. 电梯的分类

（1）按速度分类 电梯按速度可分为以下 4 类：

1）低速电梯（丙梯）。电梯运行的额定速度在 1m/s 以下，常用于 10 层以下建筑。

2）快速电梯（乙梯）。电梯运行的额定速度在 1～2m/s 之间，常用于 10 层以上建筑。

3）高速电梯（甲梯）。运行的额定速度 ≥2m/s 且 <5 m/s，常用于 16 层以上建筑。

4）超高速电梯。运行的额定速度超过 5m/s，常用于楼高超过 100 层的建筑。

（2）按用途分类 电梯按用途可分为乘客电梯、住宅电梯、观光电梯、载货电梯、客货电梯、医用（病床）电梯、杂物（服务）电梯、汽车电梯、自动扶梯、自动人行道和其他电梯等。

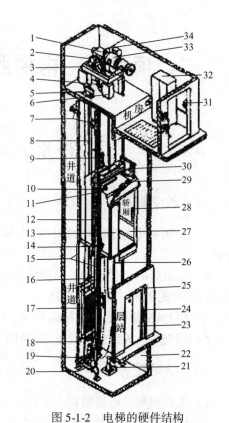

图 5-1-2 电梯的硬件结构

1—减速箱 2—曳引轮 3—曳引电动机底座
4—导向轮 5—限速器 6—机座 7—导轨支架
8—曳引钢丝绳 9—开关磁铁 10—紧急终端开关
11—导靴 12—轿架 13—轿门 14—安全钳
15—导轨 16—绳头组合 17—对重装置
18—补偿链 19—补偿链导轮 20—张紧装置
21—缓冲器 22—底坑 23—层门 24—呼梯盒（箱）
25—层楼显示装置 26—随行电缆 27—轿壁
28—轿内操纵箱 29—开门机 30—井道传感器
31—电源开关 32—控制柜 33—曳引电动机
34—控制器（抱闸）

（3）按拖动方式分类 电梯按拖动方式可分为交流电梯、直流电梯、液压电梯、齿轮齿条电梯、螺杆式电梯和直线电动机驱动的电梯等。

（4）按有无司机分类 电梯按有无司机可分为有司机电梯和无司机电梯。

（5）按控制方式分类 电梯按控制方式可分为手柄操纵控制电梯、按钮控制电梯、信号控制电梯、集选控制电梯、并联控制电梯、群控电梯和微机控制电梯等。

4. 电梯的运行原理

电梯的运行原理如图 5-1-3 所示。具体运行原理如下。

（1）曳引系统 由曳引机组、曳引轮、曳引钢丝绳等组成。曳引机组由曳引电动机、制动器、减速器组成，其作用是产生动力并负责传送。

（2）对重系统　包括对重及平衡补偿装置。对重的作用是平衡轿厢自重及载重，减轻曳引电动机的负担。平衡补偿装置是为使轿厢侧与对重侧在电梯运行过程中始终都保持相对平衡。

（3）工作过程　电动机一转动就带动曳引轮转动，驱动钢丝绳，拖动轿厢和对重作相对运动，即轿厢上升、对重下降，轿厢下降、对重上升。于是，轿厢在井道中沿导轨上下往复运动，电梯就能执行竖直升降任务。

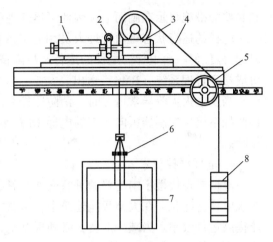

图 5-1-3　电梯的运行原理图

1—电动机　2—制动器　3—减速器　4—曳引钢丝绳
5—导向轮　6—绳头组合　7—轿厢　8—对重

（二）电梯监控系统

1．电梯系统的基本要求

1）安全可靠、起/制动平稳、感觉舒适、平层准确、候梯时间短、节约能源。

2）集选控制的 VVVF 电梯由于自动化程度要求高，一般都采用计算机为核心的控制系统。

3）计算机系统带有通信接口，可以与分布在电梯各处的智能化装置（如各层呼梯装置和轿厢操纵盘等）进行数据通信，组成分布式电梯控制系统，也可以与上位监控管理计算机联网，构成电梯监控网络。

2．电梯监控系统的主要功能

1）升降控制器作为 BAS 的一个分站，它控制和扫描电梯升降楼层的信号，并将其传送到中央控制站。

2）对各部电梯的运行状态进行检测。它控制和扫描电梯升降楼层和信号。

3）检测和报警，包括层门、轿门故障检测和报警，限速器故障检测和报警，轿厢上、下限超限故障报警，以及钢丝绳轮超速故障报警。

4）电梯的起/停控制、电梯群控。当任一层用户呼叫电梯时，最接近用户的同方向电梯将率先到达用户层，以节省用户等待的时间；自动检测电梯运行的繁忙程度以及控制电梯组的起动/停止的台数，以便节约能源。

5）发生火灾时，由电梯升降控制器控制所有的电梯，包括直升客梯和货梯降至底层，并切断电梯的供电电源。

3．电梯监控系统的构成

根据上述电梯监控系统的功能可知，必须以计算机为核心，组成一个智能化的监控系统才能完成所要求的监控任务。

同时，作为智能建筑 BAS 的子系统，它必须与中央管理计算机以及消防控制系统进行通信，以便与 BAS 成为有机整体。

整个系统由主控制器、电梯控制屏、显示装置 CRT、打印机、远程操作台及串行通信网络组成。

系统具有较强的显示功能，除了正常情况下显示各电梯的运行状态之外，当发生灾害或故障时，用专用画面代替正常显示画面，并且当必须管制运行或发生异常时，能把操作顺序和必要的措施显示在画面上，因此可迅速地处理灾害和故障，提高对电梯的监控能力。

电梯的运行状态可由管理人员用光笔或鼠标直接在 CRT 上进行干预，以便根据需要随时起/停任何一台电梯。电梯的运行及故障情况定时由打印机进行记录，并向上位管理计算机或楼宇管理系统（BMS）送出。

当发生火灾等异常情况时，消防监控系统及时向电梯监控系统发出报警及控制信息，电梯监控系统主控制器再向相应的电梯 DDC 装置发出相应的控制信号，使它们进入预定的工作状态。

4. 电梯群控技术

电梯是现代楼宇内主要的垂直交通工具，楼内有大量的人流、物流需要垂直输送，因此要求电梯智能化。在大型智能建筑中，常常安装许多台电梯，若电梯都各自独立运行，则不能提高运行效率。为减少浪费，必须根据电梯台数和高峰客流量大小，对电梯的运行进行综合调配和管理，即电梯群控技术，其原理如图 5-1-4 所示。

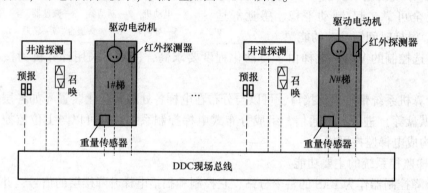

图 5-1-4　DDC 电梯群控技术原理图

通过对多台电梯的优化控制，使电梯系统具有更高的运行效率；同时及时向乘客通报等待时间，以满足乘客生理和心理要求，实现高效率的垂直输送。一般智能电梯均系多微机群控，并与维修、消防、公安、电信等部门联网，做到节能，确保安全、环境优美，实现无人化管理。

如图 5-1-4 所示，所有的红外探测器通过 DDC 现场总线连接到控制网络，计算机根据各楼层的用户召唤情况、电梯载荷以及井道探测器所提供的各机位置信息，进行运算后，响应用户的呼唤；在出现故障时，根据红外探测器探测到是否有人，进行相应的处理。

电梯群控及监控的目标：

1）减少乘客的候机时间，减少乘客的乘机时间。

2）为乘客提供舒适的乘机感受。

3）根据不同的运输状况，提供最佳方案，降低能耗。

5. 电梯监控的功能要点

1）对各台电梯的运行状态进行监测。

2）故障检测与报警，包括层门、轿门的故障检测与报警；轿厢上、下限超限故障报警以及钢丝绳轮超速故障报警等。

3）各部电梯的起/停控制，电梯群控。当任一层用户按叫电梯时，最接近用户的同方向电梯将率先到达用户层，以缩短用户的等待时间；自动检测电梯运行的繁忙程度以及控制电梯组的起动/停止的台数，以便节省能源。

4）当发生火灾时，由电梯升降控制器控制所有的电梯，包括将直升客梯和直升货梯降至底层，并切断电梯的供电电源。

监控原理图如图 5-1-5 所示。

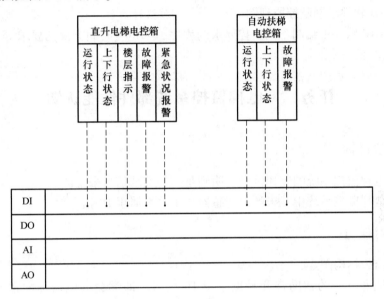

图 5-1-5　DDC 监控电梯运行原理图

6. 监控点数

1）按时间程序设定的运行时间表起/停电梯、监视电梯运行状态、故障及紧急状况下的报警。

2）运行状态监视包括监视起动/停止状态、运行方向、所处楼层位置等，通过自动检测并将结果送入 DDC，动态地显示各台电梯的实时状态。

3）故障检测包括电动机、电磁制动器等各种装置出现故障后，自动报警；紧急状况检测通常包括火灾、地震状况检测及发生故障时是否有人被关在电梯内等，一旦发现，立即报警。

从以上监控原理图可以看出，对于电梯的运行，DDC 只是起一下监视的作用，而不是控制，可通过 PLC 或单片机实现对电梯的控制。

四、任务实施

1）参观电梯机房，认识电梯的硬件结构，并完成参观报告表。

2）到实训室观看模型电梯的运行过程，理解电梯的运行原理，并完成实训报告。

3）通过课堂上课件的演示，认识对电梯运行进行监视的效果及实际意义。

4）在模拟板上验证所编制的电梯监视程序。

五、问题

1）电梯的硬件结构包括哪些？曳引系统的运行原理是什么？

2）电梯有哪些分类方式？

3）对电梯运行监视的功能包括哪些方面？

4）用 CAD 软件绘制监控原理图。

5）在 CARE 软件中编制不同监控要求的程序，如运行时间方面的要求等，并通过连接模拟板来进行验证。

任务二　电梯监控系统部件性能认知

一、教学目标

1）明确电梯监控系统的监控信号，明确是如何实现信号采集的。

2）明确电梯监控系统中，未涉及传感器，信号都属于 DI 信号。

二、学习任务

1）理解监控结构图。

2）能够从继电器的辅助常开触点采集 DI 信号，即学会继电器辅助常开触点如何与 DDC 的 DI 端进行接线。

三、相关理论及实践知识

（一）电梯系统监控要点

1）电梯运行。

2）故障检测和报警。

3）实现群控。

电梯的控制采用微机作为信号控制单元，完成电梯信号的采集、运行状态和功能的设定，实现电梯的自动调度和集选运行功能。拖动控制则由变频器来完成。

（二）信号采集

电动机的运行状态信号采自强电控制柜中继电器辅助触点，故障状态信号采自热保护继电器辅助触点，电梯的上/下行信号也采自控制电动机正/反转的接触器的辅助触点，这些均为无源常开触点。

电梯机房配电柜继电器通用接法如图 5-2-1 所示。

在图 5-2-1 中，B（地）端接到 DDC 的 32 端口（无源 DI 输入信号）；A（输入）端接到 DDC 的 DI 端口，如 23、25、27、29 等。

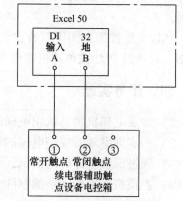

图 5-2-1　电梯机房配电柜继电器通用接法

四、任务实施

1）通过课堂分析，能理解电梯运行的监控信号是 DI 信号，采自控制柜的交流接触器辅助触点。

2）对交流触器辅助触点与 DDC 的 DI 端口进行接线，此信号能反映其主触点的动/断状态，即电梯运行状态及上/下行状态。

3）对热继电器的触点与 DDC 的 DI 端口进行接线，此信号能反映出线圈中是否流过电流（是否过载），即反映电梯故障状态。

五、问题

1）电梯监控系统能实现控制功能吗？

2）电梯监控系统中的 DI 信号取自何处，如何实现？

3）能在实操室对从继电器采集 DI 信号进行实际接线，要能反映出继电器主触点动/断的状态，并进行验证。

任务三　电梯监控系统的安装

一、教学目标

1）通过电梯监控系统的安装，使学生熟悉安装流程，对各个环节都要全面、细致地了解。明确安装任务的目的、实现的功能及实现的措施。

2）明确对电梯的监控实际只是监视，且主要通过采集配电柜中继电器辅助触点的信号来实现。

二、实践任务

1）认识安装的环境设备，通过工具清单来清点工具。

2）明确电梯监控的任务，根据任务去进行设备的识别及信号采集点的确认。

3）根据监控任务，去进行安全接线施工。

4）在 CARE 软件中编制程序，建立相应变量。去监视电梯的运行状态，从而检查出施工存在的问题并修正。

三、相关实践知识

（一）环境设备

在电梯实训室，以模拟电梯为监控对象，进行安装，实现对电梯运行状态（运行/故障、上/下行）的监视。

1. 工具清单

工具清单见表 5-3-1。

表 5-3-1　工具清单

序　号	分　类	工具名称	型　号	单　位	数量	备　注
1	敷线工具	穿管器		台	1	工程用
2		微弯器		台	1	工程用
3	安装器具	切割机		台	1	工程用
4		手电钻		台	1	工程用
5		冲击钻		台	1	工程用
6		对讲机		台	1	工程用
7		梯子		个	1	工程用
8		电工组合工具①		个	1	
9	测试器具	250V 绝缘电阻表		台	1	工程用
10		500V 绝缘电阻表		台	1	工程用
11		水平尺		把	1	工程用
12		小线		批	1	工程用
13	调试仪器	BA 专用调试仪器	信号发生器	台	1	工程用

① 电工组合工具，包括平嘴钳、尖嘴钳、斜嘴钳、平口钳、弯嘴钳、活扳手、30W 电烙铁、PVC 胶带、0.8mm 锡丝筒、吸锡器、剪刀、纸刀、镊子、锉刀、螺钉旋具、仪表螺钉旋具、两用扳手、手电筒、测电笔、压线钳、防锈润滑剂、酒精瓶、刷子、助焊工具、IC 起拔器、防静电腕带、烙铁架、钳台、元器件盒、万用表、电钻、折式六角匙和电工工具包等。

2. 设备清单

设备包括 DDC、电梯控制柜（从柜中的继电器中采集信号）。需用到的线材见表 5-3-2。

表 5-3-2　线材

线材名称	型　号	单　位
数字量信号线	RVV $8 \times 1.0 \text{mm}^2$	m
电源线	RVV3 $\times 1.5 \text{mm}^2$	m
辅助材料①		批

① 辅助材料包括镀锌材料：镀锌钢管、镀锌线槽、金属膨胀螺栓、金属软管、接地螺栓；其他材料：塑料胀管、机螺钉、平垫、弹簧垫圈、接线端子、绝缘胶布、接头等。

（二）实训过程

1. 识别监控点（I/O）表

监控点（I/O）见表 5-3-3。

表 5-3-3　监控点（I/O）表

控制功能要求	DI	DO	AI	AO	功　能	安装类型及参数
电梯楼层 1	1				实时监测教学电梯楼层触点 1，并显示电梯所在楼层	干触点开关量
电梯楼层 2	1				实时监测教学电梯楼层触点 2，并显示电梯所在楼层	干触点开关量

（续）

控制功能要求	DI	DO	AI	AO	功 能	安装类型及参数
电梯楼层 3	1				实时监测教学电梯楼层触点 3，并显示电梯所在楼层	干触点开关量
电梯楼层 4	1				实时监测教学电梯楼层触点 4，并显示电梯所在楼层	干触点开关量
教学电梯故障状态	1				实时监测，显示电梯故障状态；出现故障发出报警声	干触点开关量
电梯上/下行状态	2				实时监测电梯的运行方向	干触点开关量
小计	7	0	0	0		

2. 读懂电梯运行监控原理图

电梯运行监控原理如图 5-3-1 所示。

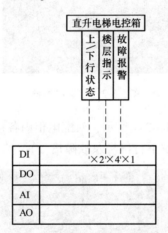

图 5-3-1 电梯运行监控原理图

3. 识读端子功能表

端子功能表见表 5-3-4。

表 5-3-4 端子功能表

DI1		DI2		DI3		DI4		AI1		AI2		AI3	
23	32	25	32	27	32	27	32	33	31	35	31	37	31
电梯上行输入及指示		电梯下行输入及指示		楼层 1 输入及指示		楼层 2 输入及指示		楼层 3 输入及指示		楼层 4 输入及指示		电梯故障状态	

4. 电缆线选用

电梯监控系统，电梯机房配电柜电梯楼层 1、2、3、4 及故障报警信号接线（DI）选用 RVV8×1.0mm² 线缆，穿管或经电缆桥架由控制箱连接至电梯机房配电柜。

5. 设备识别

（1）教学演示梯　如图 5-3-2 所示，包括机房、井道、层门和轿厢等部分。它采用最常见的升降式电梯结构，几乎具备了实际电梯的所有功能。事实上，可以把它看作是小型化的真实电梯。

图 5-3-2　教学演示梯

（2）电梯运行配电柜　如图 5-3-3 所示，对配电柜内各接触器的功能要进行认知，以便于从辅助触点采集信号（电梯上/下行信号及故障信号）。

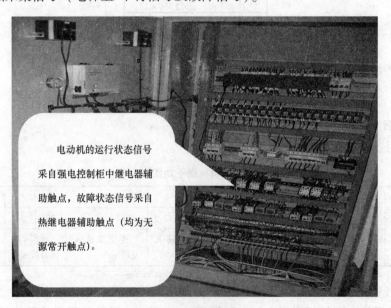

电动机的运行状态信号采自强电控制柜中继电器辅助触点，故障状态信号采自热继电器辅助触点（均为无源常开触点）。

图 5-3-3　电梯配电柜

（3）楼层开关　楼层信号采自选层器，如图 5-3-4 所示。

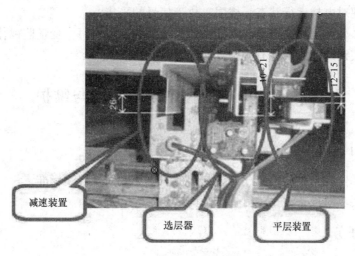

图 5-3-4　电梯楼层硬件结构

6. 接线

控制系统配电柜（箱）中的交流接触器（继电器）的辅助触点、输入数字控制信号（DI）、三相电动机等的运行状态信号采自强电配电箱中的继电器辅助触点，故障状态信号采自热继电器辅助触点。

（三）程序验证

1）在 CARE 软件中建立程序，要求建立 7 个 DI 变量。

2）按照端子接线图进行接线。

3）起动电梯，使电梯运行起来。

4）通过 DDC 来监视电梯的运行状态，与电梯真正的运行状态是否相符。如果监视状态与电梯运行状态不符，在断电情况下，继续进行修正。

（四）实训注意事项及 6S 现场管理

1）正确安全地使用工具。

2）对电梯配电柜内的继电器的操作，一定要确保已断电；对选层器采集信号时，也要确保电梯处于停止状态。

3）实训结束，做好场地的 6S 现场管理。

四、任务实施

1）对电梯运行状态监视的任务要明确，对环境设备要熟悉。

2）准备相应工具及线材。

3）根据任务及环境设备进行接线施工。

4）接线完毕，通过编制相应程序来验证，如果监视状态与电梯的真正运行状态不符，则要进行检查、修正，真正能监视电梯的运行状态。

5）对施工现场的 6S 现场管理。

五、问题

1）本实训任务对电梯的监视目的要求有什么？

2）如何实现对电梯运行状态、楼层、故障信号的采集？

3）用 CARE 软件编程，需要建立几个什么类型的变量？每个变量监视什么信号？

4）通过本实训的完成，你有哪些方面的收获？

任务四　电梯监控系统的调试与维护

一、教学目标

1）明确电梯监控系统的检查、调试与维护的三个方面及检测标准。

2）能按照要求对设备逐一进行检查、调试与维护。

二、学习任务

1）对施工现场的实际设备按照要求进行检测，如 DDC、传感器、线路等。

2）编制程序来调试及维护功能。

三、相关实践知识

（一）电梯监控系统的调试

电梯监控系统的调试，主要从以下三方面进行：

1. 现场设备验收

各类传感器、变送器、执行机构等进场验收应符合下列规定：

1）查验合格证和随带技术文件，实行产品许可证和安全认证的产品应有产品许可证和安全认证标志。

2）外观检查：铭牌、附件齐全，电气接线端子完好，设备表面无缺损，涂层完整。

2. 现场设备调试与维护

现场设备即传感器、执行器、被控设备，它们的调试与维护主要根据安装说明书进行。

3. 线路敷设

传感器输入信号与 DDC 之间的连接：采用 2 芯或 3 芯，每芯截面积规格大于 0.75mm^2 的 RVVP 或 RVV 屏蔽或非屏蔽铜芯聚氯乙烯绝缘护套连接软电缆。

DDC 与现场执行机构之间的连接：采用 2 芯或 4 芯（如需供电），每芯截面积规格大于 0.75mm^2 的 RVVP 或 RVV 屏蔽或非屏蔽铜芯聚氯乙烯绝缘护套连接软电缆。

DDC 之间、DDC 与控制中心之间的连接：用 2 芯 RVVP 或 3 类以上的非屏蔽双绞线连接。

（二）检查验收要点

1. 直接数字控制器（DDC）的安装检测

DDC 通常安装在被控设备机房中，就近安装在被控设备附近。在电梯监控系统中，DDC 通常安装在机房的墙上，用膨胀螺栓固定。

安装要求：DDC 与被监控设备就近安装。

1）DDC 在距地 1500mm 处安装。

2）DDC 安装应远离强电磁干扰。

3）DDC 的数字输出宜采用继电器隔离，不允许用 DDC 数字输出的无源触点直接控制强电回路。

4）DDC 的输入、输出接线应有易于辨别的标记。

5）DDC 安装应有良好接地。

6）DDC 电源容量应满足传感器、驱动器的用电需要。

2. 交流接触器安装

在电梯监控系统中，监控信号主要采自强配电柜中各个交流接触器的辅助触点及楼层选层器。对于交流接触器的安装，应符合电气安装要求。

（三）电梯监控系统总体要求

1）检查电梯系统的所有检测点 DI、DO 是否符合设计点表的要求。

2）检查所有检测点 DI、DO 接口是否符合 DDC 接口要求。

3）起/停、上/下运行电梯，检查上位机显示、记录与实际工作状态是否一致。

4）在上位机控制电梯系统的每一部电梯起/停、上/下运行，检查上位机的控制是否有效。

四、任务实施

1）明确检查任务及目的，明确检查环节及设备，明确检查的标准。

2）对设备及线路进行检测及调试。

3）编制程序，进行调试及维护功能。

五、问题

1）写出电梯监控系统的检测要点。

2）写出电梯监控系统的总体调试要求。

3）编制程序来调试及维护功能。

项目小结

1）电梯的运行原理及硬件结构。

2）DDC 对电梯系统的监控实际只能对电梯的运行状态进行监测，而不是控制。

3）DDC 对电梯运行状态的监测主要来自选层器（每层上的限位开关）及继电器干触点。

思考练习

1）DDC 对电梯的监控实际只能进行监测而不能进行控制，为什么？

2）DDC 对电梯运行的监控系统中，DDC 的 DI 口不够用时，应如何解决？

项目六　空调监控系统的安装与维护

任务一　空调监控系统认知

一、教学目标

1）联系空调系统相关课程，对空调系统的硬件及运行原理进行认识及理解、熟悉。
2）掌握空调水系统及风系统的监控功能、监控要求及监控内容，理解监控点表。
3）认识空调监控系统中传感器的结构、功能。

二、学习任务

1）说出空调系统硬件设备及整体运行原理。
2）掌握空调水系统、风系统的监控要求及实施。
3）认识空调监控系统中传感器的结构、功能。
4）用 CARE 软件绘制新风监控系统、制冷系统的监控原理图。

三、相关理论知识

（一）空调系统的硬件结构及运行原理

空调系统是调节空气温度、湿度、洁净度和风速的设备，包括空调机组、新风机组、风机盘管、制冷设备和供热设备等。

1. 系统的组成

空调系统是整个楼宇控制系统中最为复杂的系统，空调系统的组成层次图如图 6-1-1 所示。

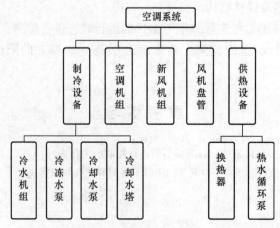

图 6-1-1　空调系统的组成层次图

2. 制冷型空调系统的结构

制冷型空调系统的结构图如图 6-1-2 所示。

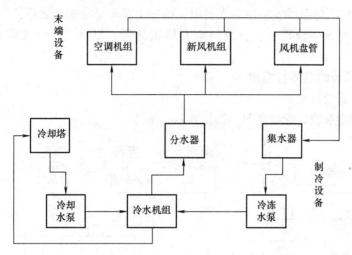

图 6-1-2　制冷型空调系统的结构图

图中，制冷设备是由冷水机组、冷冻水泵、冷却水泵和冷却塔组成的。冷水机组提供空调冷冻水，冷冻水经空调机组、新风机组、风机盘管后，为空调冷冻水回水，冷冻水回水经过冷冻水泵重新回到冷水机组再制冷，由此形成了一个循环。

冷却水系统是一个开放的水系统，是为带走水冷机组中冷凝器的热量而设置的，冷冻水系统是一个封闭的水系统，为空调末端提供空调冷冻水。

3. 制冷原理

空调制冷原理图如图 6-1-3 所示。

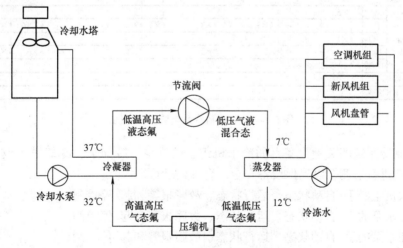

图 6-1-3　空调制冷原理图

制冷系统是为空调系统提供空调冷冻水的系统，由冷水机组、冷冻水泵、冷却水泵和冷却塔这 4 类设备组成。

制冷系统的工作其实是由三个循环来完成的，第一个循环是冷水机组自身内部的循环，这是一个密闭的循环系统；第二个循环是冷却水循环，这是一个开放的水系统，由冷却水塔为冷水机组的冷凝器提供32℃的冷却水，与冷凝器进行热交换后，温度上升，回到冷却水塔，经由喷洒、空气降温后重新回冷水机组；第三个循环是冷冻水循环，也就是由冷水机组提供的冷冻水，经过空调机组、新风机组和风机盘管，使建筑内温度降低后又重回冷水机组。

（二）空调设备的监测与控制

1. 空调制冷系统监控

（1）空调制冷系统监控原理图　如图6-1-4所示。

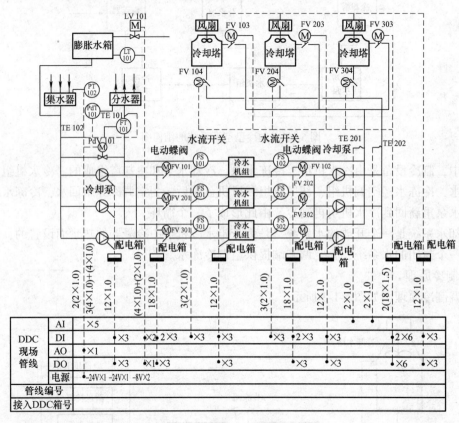

图6-1-4　空调制冷系统监控原理图

对空调制冷系统的关键设备，如冷水机组、冷冻泵、冷却泵、冷却塔等设备的运行状态、故障状态进行监测，以确保设备安全、合理的运行。

1）冷水机组的手/自动状态、运行状态、故障报警和起/停控制。

2）冷冻水泵的手/自动状态、运行状态、故障报警和起/停控制。

3）冷却水泵的手/自动状态、运行状态、故障报警和起/停控制。

4）冷却水塔风机的手/自动状态、运行状态、故障报警和起/停控制。

空调系统末端调节两通阀开度，引起水流量变化，而冷水机组不宜做变水量运行，所以测量冷冻水供/回水的压差来调节冷冻水供/回水之间压差旁通阀的开度，保证冷水机组工作在恒水流态。

5）冷冻水供回水压力监测。

6）压差旁通阀调节。

因此，被监测、控制设备有冷水机组、冷冻水泵、冷却水泵、冷却水塔风机；设备保护通过冷冻水供/回水压力监测、压差旁通阀调节来实现；设备节能通过冷冻水供回水温度、回水流量监测来实现。

（2）监控主要功能　见表6-1-1。

表6-1-1　空调系统监控主要功能表

1. 冷负荷需求计算	1）根据冷冻水供/回水温度和回水流量测量值，自动计算建筑物空调实际所需冷负荷量（常用方式） 2）根据主机运行电流的大小计算所需冷负荷量（主机厂家推荐） 3）根据旁通管流量方向和大小计算所需冷负荷量（一般用于变流量系统）
2. 冷水机组台数控制	根据建筑物所需冷负荷量，自动调整冷水机组运行台数，达到节能目的
3. 冷水机组联锁控制	起动：冷却塔电动蝶阀开启，冷却水电动蝶阀开启，开冷却水泵，冷冻水电动蝶阀开启，开冷冻水泵，开冷水机组
	停止：停冷水机组，停冷冻水泵，冷冻水电动蝶阀，关冷却水泵，关冷却水电动蝶阀，关冷却塔电动蝶阀
4. 冷冻水压差控制	根据冷冻水供/回水压差，自动调节旁通调节阀，维持供水压差恒定
5. 冷冻水温度控制	根据冷冻水温度，自动控制冷却塔的起/停台数
6. 水泵保护控制	水泵起动后，水流开关监测水流状态，如故障，则自动停机 水泵运行时如果发生故障，备用泵自动投入使用
7. 机组定时起/停控制	根据事先安排的工作及节假日作息时间表起/停机组 自动统计机组各水泵、风机的累计运行时间，提示定时维修
8. 机组运行参数	监测系统内各检测点的温度、压力、自动显示、定时打印及故障报警
9. 水箱补水控制	自动控制进水电磁阀的开启和关闭，使膨胀水箱水位维持在允许的范围内，水位超限进行故障报警

（3）监控点表　见表6-1-2。

表6-1-2　监控点表

冷热源系统	设备数量	AI	AO	DI	DO	现场设备
冷水机组	3					
冷冻机起/停控制					3	
冷冻机运行状态				3		
冷冻机故障报警				3		
冷冻机手/自动状态				3		
冷冻机冷冻水回水电动蝶阀 DN300				6	3	V4-ABFW-EPN16-300-03 开关型
冷冻水泵	3					
泵起/停控制					3	
泵运行状态				3		
泵故障报警				3		
泵手/自动状态				3		

（续）

冷热源系统	设备数量	AI	AO	DI	DO	现场设备
水流状态				3		WFS-1001-H
冷冻补水泵	3					
泵起/停控制					3	
泵运行状态				3		
泵故障报警				3		
泵手/自动状态				3		
水流状态				3		WFS-1001-H
冷冻水补水箱	1					
高、低液位报警				2		MAC-3
冷却水泵	3					
泵起/停控制					3	
泵运行状态				3		
泵故障报警				3		
泵手/自动状态				3		
水流状态				3		WFS-1001-H
冷却塔	3					
冷塔风机起/停控制					3	
冷塔风机运行状态				3		
冷塔风机故障报警				3		
冷塔风机手/自动状态				3		
冷却水供回水温度		2				VF20
冷却塔冷却水回水电动蝶阀 DN350				6	3	V4-ABFW-EPN16-300- 03 开关型
空调冷热水						
总供回水温度	2	2				VF20
总回水流量	1	1				2517 + 8550
总供回水压力	2	2				P7620A
旁通调节电动蝶阀 DN300	6		6			V4-ABFW-EPN16-300- 04 调节型

2. 典型空调风系统

（1）结构图　如图 6-1-5 所示。

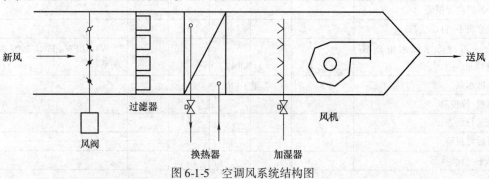

图 6-1-5　空调风系统结构图

新风通过风阀，再经过滤器过滤，主要是为各房间提供一定的新鲜空气，满足人员卫生要求。为避免室外空气对室内温/湿度状态的干扰，在送入房间之前需要用换热器和加湿器对其进行热湿处理。

（2）空调风系统监控原理图　如图6-1-6所示。

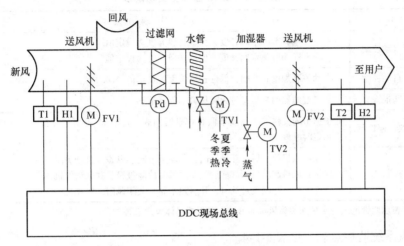

图 6-1-6　空调风系统监控原理图

T—温度传感器　H—湿度传感器　FV—调速电动机　TV—电磁阀　Pd—压差开关

（3）空调新风机组的控制内容

1）风机监测、控制。

2）空气质量监控：温度监测、控制，湿度监测、控制，CO_2、CO 浓度监测、控制。

3）其他内容监测：过滤器压差监测，盘管防冻保护。

（4）空调新风机组的监控要求

1）温度调节：将回风温度与设定值比较，通过 DDC 按照 PID 规律调节表冷器的回水调节阀开度以控制冷冻水量。

2）湿度调节：将回风湿度与设定值比较，通过 DDC 按照 PI 规律调节加湿电动阀开度以保证加湿度。

3）CO 和 CO_2 浓度调节：为保证空气质量，选用 CO 和 CO_2 传感器，当浓度升高时调节新风风阀开度。

（5）新风、回风、排风的比例调节　根据新风温/湿度、回风湿/温度在 DDC 中计算回风与新风焓值。按照回风与新风的焓值比例控制新风阀、回风阀的开度比例，使系统运行在最佳的新风、回风比例状态。

（6）表冷器防冻保护　为防止表冷器冻裂，在表冷器前安装防冻开关，监测表冷器前的温度，当温度低于5℃时报警，并关闭新风阀、风机，全开盘管水阀。

（7）过滤器堵塞保护　用压差开关测量过滤器两端的差压，当差压超限时，压差开关闭合报警。

（8）联锁保护控制

联锁：风机停止后，新回风风门、回水调节阀、加湿阀自动关闭。

保护：风机起动后，若压差开关报警，系统联锁停机。

（9）机组定时起/停的控制　根据排定的工作及节假日时间表，定时起/停机组，自动统计机组工作时间，提示维修。

BAS监控主要功能表　见表6-1-3。

表6-1-3　BAS监控主要功能表

监控内容	控制方法
1. 送风温度自动控制	夏季自动调节冷水阀开度，保证送风温度为设定值 冬季自动调节热水阀开度，保证送风温度为设定值
2. 送风湿度自动控制	自动控制加湿阀开闭，保证送风湿度为设定值
3. 过滤器堵塞报警	空气过滤器两端压差过大时报警，提示清扫
4. 机组定时起/停控制	根据事先安排的工作及节假日作息时间表，定时起/停机组；自动统计机组工作时间，提示定时维修
5. 联锁保护控制	联锁：风机停止后，新风风门、电动调节阀、电磁阀自动关闭 保护：风机起动后，其前后压差过低时故障报警，并联锁停机 防冻保护：当温度过低时，开启热水阀，关闭风门，停风机

注：本表中表示两管恒风变水带加湿新风机的BAS，可根据具体应用取舍。

（10）风系统监控点表　见表6-1-4。

表6-1-4　风系统监控点表

新风机组 PAU-1	AI	AO	DI	DO	现场设备
风机起/停控制				1	
风机运行状态			1		
风机故障报警			1		
风机手/自动状态			1		
送风温/湿度	2				H7050B1018
新风风阀				1	N2024 开关型
盘管水阀 DN50		1			V5011N1099
水阀执行器					ML7420
加湿控制				1	
防冻报警			1		T6951A1025
过滤器压差报警			1		DPS400
合计	2	1	5	3	

四、任务实施

1）参观学校的空调实训室，对空调器（单机空调器或中央空调器）的硬件进行认识及熟悉，对空调器制冷原理进行理解，并完成参观报告。

2）通过课堂中PPT课件的动画展示，认识对空调系统进行智能控制的效果及实现意义。

3）讲解空调风系统及制冷系统的监控原理图及监控点表。

4）演示各种类型的传感器，进行功能及接线要求讲解。

5）演示用CARE软件绘制新风系统及制冷系统的监控原理图过程。

五、问题

1) 画出空调系统硬件组成层次图及功能组成结构图, 并写出其运行原理。
2) 写出对制冷系统及风系统的监控要求, 熟悉监控点表。
3) 用 CARE 软件绘制制冷系统及风系统的监控原理图。

任务二　空调监控系统部件性能认知

一、教学目标

1) 列出在空调监控系统中需要用到的传感器、执行器。
2) 讲解各种传感器, 包括其外形、性能、输出特性及安装要求。

二、学习任务

1) 列出在空调监控系统中用到的传感器、执行器设备。
2) 认识各种传感器: 包括外形辨别、性能认知、输出特性及安装要求的掌握。

三、相关理论及实践知识

(一) 空调监控系统的整体框图

空调监控系统的整体框图如图 6-2-1 所示。

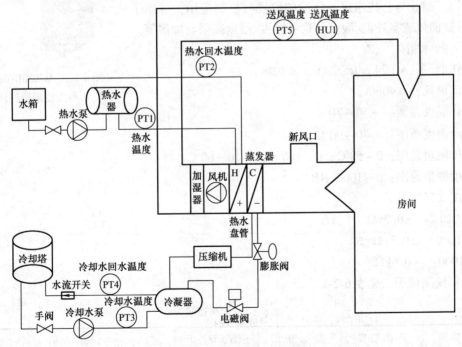

图 6-2-1　空调监控系统的整体框图

对空调系统的监控要求及内容已在任务一中进行了分析, 该任务的重点是熟悉需要用到的传感器方面的内容。

空调监控系统的仪表和设备主要有：

1）风道温度传感器（变送器）。

2）风道湿度传感器（变送器）。

3）风道微压传感器（变送器）。

4）室内温度传感器（变送器）。

5）室内湿度传感器（变送器）。

6）室内温/湿度传感器（变送器）。

7）室内微压传感器（变送器）。

8）过滤器压差报警器。

9）防冻报警器。

10）水阀。

11）电动蝶阀。

12）水流开关。

13）液位传感器。

液位传感器在给水排水项目中已讲过，在此不再重复。

（二）相关传感器及执行器的认知

1. H7050B1018 型温/湿度传感器

H7050B1018 型温/湿度传感器外形如图 6-2-2 所示。

（1）应用　H7050B1018 型风道安装型温/湿度传感器被设计用于工厂、商业与公共建筑等环境的监视与控制应用，可用于风道内送风/回风或室外温/湿度的检测温度/湿度高限与加湿等。

图 6-2-2　H7050B1018 型温/
湿度传感器的外形

（2）技术指标

工作电源：AC 24V/DC 24V，±10%。

电流消耗：≤40mA。

工作温度范围：$-30 \sim 70$℃。

贮藏温度范围：$-40 \sim 90$℃。

温度测量范围：$0 \sim 50$℃；$0 \sim 100$℃；$-10 \sim 60$℃。

湿度测量范围：$0 \sim 100\%$RH。

精度（25℃下）

NTC20K：± 0.2kΩ；

PT1000：± 0.3kΩ；

Ni1000：± 0.6kΩ。

（3）使用说明　见表 6-2-1。

表 6-2-1　使用说明

湿度输出	湿度精度	温度输出	温度变送范围	说　　明
电压	3%	NTC20K	无	交/直流 24V 供电，湿度变送 NTC20K 型温度传感器

（4）安装 H7050B1018 型温度传感器主要用于测量风管和水管的平均温度，一般输出电阻信号。温度传感器有铂电阻温度传感器、铜电阻温度传感器和半导体温度传感器。

H7050B1018 型湿度传感器用于测量风管道内的相对湿度，一般输出的是电流或电压信号，电流信号为 DC 4~20mA，电压信号为 DC 0~10V 或 DC 0~5V。

1）安装位置。不要安装在阳光直射的位置，远离有较强振动、电磁干扰的区域，安装位置不应破坏建筑物外观的美观和完整性，室外温/湿度传感器应有防风雨装置；应尽可能远离门、窗和出风口的位置，如无法避免，则与之距离大于 2m；并列安装的传感器，距地高度应一致。

2）安装温度传感器到 DDC 之间的连接线路应符合设备要求，应尽量减少因接线引起的误差。对于 1kΩ 铂电阻温度传感器，接线总电阻应小于 1Ω。

3）风管中温/湿度传感器安装。传感器应安装在风速平稳，能反映风道温/湿度的位置；传感器安装应在风管保温层完成后，安装在风管直管段或应避开风管死角位置和蒸汽放空口位置；风管中温/湿度传感器应安装在便于调试、维修的地方。

图 6-2-3 DPS400 型过滤器

2. DPS400 型过滤器压差报警

DPS400 型过滤器如图 6-2-3 所示。

（1）应用 监视风机中的过滤器、风机和空气流的状态。

（2）技术指标 见表 6-2-2。

表 6-2-2 技术指标

最大压力	5kPa
开关时压差（平均值）	DPS200：10Pa；DPS400：20Pa；DPS1000：100Pa；DPS2500：150Pa
压力介质	空气，非易燃和非腐蚀性气体
压口连接	2 个塑料导管
开关容量	AC 1.5A（0.4A）/250V
允许工作温度	−20~85℃
电气连接	AMP 连接头或螺钉端子
膜材料	硅
导管口	PG11
保护级	IP54
（附件）安装件	DPSA[①]
（附件）风管件	DPSK[①]
（附件）L 形安装支架	DPSL[①]

① DPS 是过滤器压差开关的缩写，A、K、L 表示安装方式。

（3）使用说明 当过滤器堵塞时，压差开关给出过滤器堵塞报警信号。压差开关有两个检测口，即正压检测口和负压检测口，其腔体也由此分为正压腔和负压腔。两腔之间用皮膜隔离。当有压力源时，皮膜移动触动微动开关从而达到开/关的目的。空气压差开关上设有调节控制盘，在调节时改变弹簧的压力大小，使风压开关的开机点和关机点（即 ON 点和

OFF 点）发生变化。

（4）安装

1）风压压差开关安装时，应注意安装位置，宜将压差开关的受压薄膜处于垂直位置。如需要，可使用 L 形托架进行安装，托架可用铁板制成。

2）风压压差开关安装时，应注意压力的高低。过滤网前端接高压端、过滤网后端接低压端；空调风机的出口接高压端、空调风机的进风口接低压端。

3）风压压差开关应安装在便于调试、维修的地方。

4）风压压差开关不应影响空调器本体的密封性。

5）导线敷设可选用 DG20 电线管及接线盒，并用金属软管与压差开关连接。选用 RVV 或 RVVP2×1.0mm² 线缆连接现场 DDC。DPS400 型过滤器压差报警器安装正面图，如图 6-2-4 所示。

3. T6951A1025 型防冻报警器

T6951A1025 型防冻报警器的外形如图 6-2-5 所示。

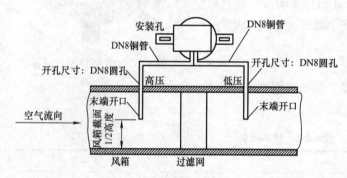 

图 6-2-4　DPS400 型过滤器压差报警器安装正面图　　图 6-2-5　T6951A1025 型防冻报警器的外形

（1）应用　可以操作电动风门、阀门、压缩机或风扇电动机等，以提供空调系统和制冷单元的低温报警，常用于冷冻柜、观察箱、饮料冷却器、牛奶冷却罐、空调器、热交换器等。防冻报警器可防止系统温度不低于某特定值，用于再加热空调系统或制冷系统中的热交换等。

（2）技术指标

开关作用：AC 24~250 V；15(8) A。

湿度范围：相对湿度 0~95%，无凝露。

可调温度范围：-10~12℃（14~54℉）。

贮藏温度范围：-30~90℃。

操作温度范围：-20~80℃。

接线端：螺旋接口，1.5mm² 电线。

线径：M20×1.5，ϕ6~13mm。

材质：聚碳酸酯和聚酰胺。

重量：约 450g。

尺寸：130mm×130mm×70mm。

（3）使用说明　充气感温元件附 1.8m 感温包或 3m/6m 毛细管线圈；内置防尘的微动开关（热/冷）；防护等级 I（T6950/51）（符合 EN60335-1 标准）、IP54（符合 EN60529 标准）。

（4）安装 如图 6-2-6 所示。

1）防冻报警器用来保护空调机盘管，防止意外冻坏。

2）防冻报警器的感温铜管应由附件固定在空调箱内，不可折弯、不能压扁，尤其是感温铜管的根部。

3）防冻报警器的感温铜管应由附件固定空调机盘管前部。

4）选用 RVV 或 RVVP2 × 1.0mm² 线缆连接现场 DDC。

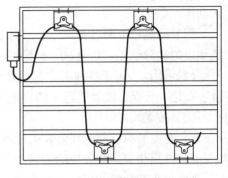

图 6-2-6 防冻报警器安装正面图

4. V5011N1099 型水阀

V5011N1099 型水阀阀体的外形如图 6-2-7 所示。

（1）应用 V5011N1099 型水阀属于螺纹连接二通阀，可用于蒸汽、水和 50% 以上甘醇的 HVAC 应用，它可用于二位或连续调节控制，不能用于燃气应用。

（2）技术指标：低泄漏率（≤0.05% 的 CV）；50∶1 量程，稳定，符合 VDI/VDE2173 标准，要求聚四氟乙烯（PTFE）弹性密封，自动调节组合，精确定位，保证温度控制；可与直接耦合电子和气动执行器相匹配；当介质水温度超过 150℃，阀门所配的执行器 ML7420/ML7421，需用高温组件 43196000-001/002，此时执行器应用温度范围可扩展到 220℃。

图 6-2-7 水阀阀体的外形

（3）使用 用于水系统控制，等百分比阀。

（4）安装

1）水阀及执行器，首先要考虑安装该电动阀门的功能，如控制水流的开/关（如冷冻机组的进/出水管），应选用蝶阀；如调节水流的大小（如空调机组的冷热水盘管），应选用调节阀。

考虑管路的介质，流过阀门的是水、还是蒸汽，它们对阀体的密闭性和耐热性要求不同。

2）采用屏蔽电缆，需将屏蔽层接在控制器一侧的接线端子上（通常为地），传感变送器的接线应与电压走线或其他对高电感性负载（接触器、线圈、电动机等）供电的导体分开，应避免电缆长度超过 50m。

5. DN300 开关型冷冻机冷冻水回水电动蝶阀

如图 6-2-8 所示，电动蝶阀属于电动阀门和电动调节阀中的一个品种。连接方式主要有法兰式和对夹式。它是工业自动化控制领域中的重要执行单元。

（1）结构 通常由角行程电动执行机构（0°~90°部分回转）和蝶阀整体通过机械连接，经过安装调试后共同组成。

根据动作模式分类有开关型和调节型。

图 6-2-8 电动蝶阀

开关型直接接通电源（AC 220V、AC 380V 或 DC 24V），通过开关正、反导向来完成开关动作。

调节型是以电源（AC 220V、AC 380V 或 DC 24V）作为动力，接收工业自动化控制系统预设的参数值 4～20mA(0～5 等弱电控制）信号来完成调节动作。

（2）用途　用于各种工业自动化生产的管道流量、压力、温度的控制，例如电力、冶金、石化、环保、能源管理、消防系统等。

（3）安装

1）在安装时，阀瓣要停在关闭的位置上。

2）开启位置应按蝶板的旋转角度来确定。

3）带有旁通阀的蝶阀，开启前应先打开旁通阀。

4）应按制造厂商的安装说明书进行安装，重量大的蝶阀，应设置牢固的基础。

6. WFS-1001-H 型水流开关

WFS-1001-H 型水流开关的外形如图 6-2-9 所示。

（1）应用　WFS-1001-H 型水流开关具有单刀双掷（SPDT）输出、性能优异、精度高、可靠性高，可安装在水管和对铜无腐蚀性的液体中，当液体流量达到整定速率时，其一个回路关闭，另一个回路打开，典型应用于联锁作用或断流保护的场所。

（2）技术指标　工作电压：AC 125、250V，DC 115、230V。过载电流：0.15～5A。

寿命：触点寿命：1×10^6 次；波纹管寿命：5×10^5 次。

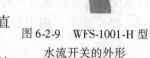

（3）安装

1）水流开关应安装在水平管段上，垂直安装，不应安装在垂直管段上。

图 6-2-9　WFS-1001-H 型水流开关的外形

2）水流开关不宜在焊缝及其边缘上开孔和焊接安装。水流开关的开孔与焊接应在工艺管道安装时同时进行，必须在工艺管道的防腐和试压前进行。

3）水流开关的安装应注意水流叶片与水流方向。

4）水流叶片的长度应大于管径的 1/2。

5）选用 RVV 或 RVVP2×1.0mm^2 线缆连接现场 DDC。

7. SS41 型水流量传感器

水流量传感器如图 6-2-10 所示。

（1）工作原理　SS41 型水流量传感器是霍尔传感器，是根据霍尔效应制作的一种磁场传感器。霍尔效应是磁电效应的一种，这一现象是霍尔（A. H. Hall，1855—1938）于 1879 年在研究金属的导电机构时发现的。后来人们发现半导体、导体等也有这种效应，而半导体的霍尔效应比金属强得多，利用这种效应制成的各种霍尔元件，广泛地应用于工业自动化技术、检测技术及信息处理等方面。霍尔效应是研究半导体材料性能的基本方法。通过霍尔效应实验测定的霍尔系数，能够判断半导体材料的导电类型、载流子浓度及载流子迁移率等重要参数。涡轮式霍尔传感器是水流冲击传感器的叶

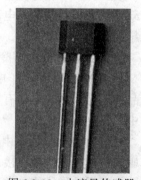

图 6-2-10　水流量传感器

片（像风车叶原理），产生正比于水流速度的旋转，旋转力带动一个小磁铁周期性触发脉冲信号，通过脉冲数量知道水流速度，然后根据管径算成流量。

（2）技术规格　T0-92S 封装形式，主要用于电动车电动机、空调电动机、工业电动机、各种民用电动机等，工作温度范围为 -40~150℃。

品牌：霍尼韦尔 Honeywell。

型号：SS41。

种类：霍尔。

材料：混合物。

材料物理性质：半导体。

材料晶体结构：多晶。

制作工艺：半导体集成。

输出信号：模拟型。

线性度：10% FS。

迟滞：10% FS。

重复性：10% FS。

（3）安装

1）水管流量传感器的取样段大于管道口径的 1/2 时可安装在管道顶部，如取样段小于管道口径的 1/2 时，应安装在管道的侧面或底部。

2）水管流量传感器的安装位置应选在水流流束稳定的地方，不宜选在阀门等阻力部件的附近和水流束呈死角处以及振动较大的地方。

3）水管流量传感器应安装在直管段上，距弯头距离应不小于 6 倍的管道内径。

8. P7620A 型压力传感器

P7620A 型压力传感器的外形如图 6-2-11 所示。

（1）应用　常应用于水力监测系统、空气压缩机、气动设备、泵机控制及供热通风与系统调节（HVAC）系统中。

（2）性能特点

1）环境参数：介质温度范围为 -25~85℃，环境温度范围为 0~70℃，储藏温度范围为 -25~85℃。

补偿范围：-40~135℃。

防护等级：IP65。

2）物理特性。

图 6-2-11　P7620A 型
压力传感器的外形

材质：304 不锈钢。

传感器：Al_2O_3（96%）。

密封材料：丁腈橡胶（NBR）。

压力紧固件：G½in（1in = 0.0254m）。

电气连接：接线盒 DIN43650A。

3）电气数据

输出信号：4~20mA（双线）。

电源：DC 10~32V（通常 DC 24V）。

负载保护（Ω）：≤（供给电压－10V）/（0.02A）。

（3）安装

1）水管型压力与压差传感器的取压段大于管道口径的 2/3 时，可安装在管道的顶部；如取压段小于管道口径的 2/3 时，应安装在管道的侧面或底部。

2）水管型压力与压差传感器的安装位置应选在水流束稳定的地方，不宜选在阀门等阻力部件的附近和水流流束呈死角处以及振动较大的地方。

3）水管型压力与压差传感器应安装在温/湿度传感器的上游侧。

4）高压水管压力传感器应装在进水管侧，低压水管其压力传感器应装在回水管侧。

四、任务实施

逐一讲解传感器，包括外形、技术参数、性能特点、安装及接线。

五、问题

1）列表写出温/湿度传感器、压力传感器、流量传感器、压差传感器的输出特性及安装要求。

2）写出水阀执行器的输入特性及安装要求。

任务三　空调监控系统的安装

一、教学目标

1）掌握如何对安装任务进行分解、分步的操作。

2）掌握风管温度传感器、水管温度传感器的安装及接线。

3）掌握对继电器辅助触点的接线，从而实现 DI 信号的输入。

4）掌握对继电器线圈得电、失电的控制，从而完成 DO 输出控制。

二、实操任务

1）选择安装中央空调系统监控设备所需的工具和设备器材。

2）识读中央空调系统监控的技术文件和图样。

3）熟悉线路隐蔽工程，根据技术文件和图样检查敷设的线缆。

4）根据监控点表及端子接线图正确安装、调试各种设备器材。

5）组态软件的简单操作。

三、相关实践知识

（一）任务流程图

具体的学习任务及学习过程如图 6-3-1 所示。

（二）环境设备

实训所需工具、设备见表 6-3-1 和表 6-3-2。空调监控系统安装工程实训，涉及空调与通风系统，冷冻和冷却水系统。

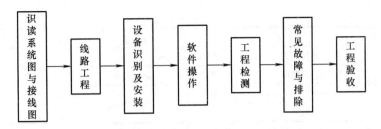

图 6-3-1 具体的学习任务及学习过程

表 6-3-1 实训所需工具

序 号	分 类	工 具 名 称	型 号	单 位	数 量	备 注
1	敷线工具	穿管器		台	1	工程用
2		微弯器		台	1	工程用
3	安装器具	切割机		台	1	工程用
4		手电钻		台	1	工程用
5		冲击钻		台	1	工程用
6		对讲机		台	1	工程用
7		梯子		个	1	工程用
8		电工组合工具①		个	1	工程用
9	测试器具	250V 绝缘电阻表		台	1	工程用
10		500V 绝缘电阻表		台	1	工程用
11		水平尺		把	1	工程用
12		小线		批	1	工程用
13	调试仪器	BA 专用调试仪器	信号发生器	台	1	工程用

① 电工组合工具,包括 8 平嘴钳、5 尖嘴钳、5 斜嘴钳、5 平口钳、5 弯嘴钳、6 活扳手、30W 电烙铁、PVC 胶带、
0.8mm 锡丝筒、吸锡器、剪刀、纸刀、镊子、锉刀、螺钉旋具、仪表螺钉旋具、两用扳手、手电筒、测电笔、压
线钳、防锈润滑剂、酒精瓶、刷子、助焊工具、IC 起拔器、防静电腕带、烙铁架、钳台、元件盒、万用表、电
钻、折式六角匙和电工工具包等。

表 6-3-2 实训所需设备

序 号	分 类	设备名称	型 号	单 位	数 量	备 注
1	现场设备	风管道温度传感器	GST-D-1000TA/050	个	1	
2		室内温度传感器	GST-R-1000TA	个	1	
3		水管道温度传感器	GST-W-1000TA/02050/200	个	4	共用
4	DDC	DDC	Excel 50	个	1	
5		DDC 控制箱	HW-BA5813	个	1	
6		控制系统配电柜	600mm×300mm×1200mm	套	1	
7		工作指示灯	交流 24V,红色	个	6	
8		网孔实训台	900mm×700mm×1600mm	张	1	
9		教学组态软件	CARE7.0	套	1	
10		计算机桌	1200mm×600mm	张	1	
11	通信网络	信号线	RS232	条	1	
12		数字量信号线	RVV 4×1.0mm²	m		
13		模拟量信号线	RVVP 4×1.0mm²	m		

(续)

序 号	分 类	设备名称	型 号	单 位	数 量	备 注
14		数字量控制线	RVV 2×1.0mm²	m		
15	通信网络	模拟量控制线	RVVP2×1.0mm²	m		
16		电源线	RVV3×1.5mm²	m		
17		辅助材料①		批		

① 辅助材料,包括镀锌材料:镀锌钢管、镀锌线槽、金属膨胀螺栓、金属软管、接地螺栓;其他材料:塑料胀管、机螺钉、平垫、弹簧垫圈、接线端子、绝缘胶布、接头等。

(三) 安装前准备——识读系统图与接线图

(1) 监控点 (I/O) 表 见表6-3-3。

表6-3-3 监控点表

序 号	符 号	控制功能要求	DI	DO	AI	AO	功 能
1. 空调与通风系统							
1.1 空调系统							
1	DO1	风柜风机起/停		1			遥控起/停风柜风机
2	DI4	风柜风机故障	1				实时监测风柜风机,出现故障发出报警声
1.2 通风系统							
3	AI2	空调回风温度			1		实时监测回风管回风温度,显示温度变化
4	AI1	空调送风温度			1		实时监测送风管送风温度,显示温度变化
小计			1	1	2	0	
2. 冷冻和冷却水系统							
2.1 冷却塔							
5	DO4	冷却塔风机起/停		1			遥控起/停冷却塔风机
6	DI7	冷却塔风机故障	1				实时监测冷却塔风机,出现故障发出报警声
2.2 冷冻水系统							
7	AI3	冷冻水供水温度			1		实时监测冷冻水系统供水温度,显示温度变化
8	AI9	冷冻水回水温度			1		实时监测冷冻水系统回水温度,显示温度变化
9	DO2	冷冻水泵起/停		1			遥控起/停冷冻水泵
10	DI5	冷冻水泵故障	1				实时监测冷冻水泵,出现故障发出报警声
2.3 冷却水系统							
11	AI10	冷却水供水温度			1		实时监测冷却水系统供水温度,显示温度变化
12	AI11	冷却水回水温度			1		实时监测冷却水系统回水温度,显示温度变化
13	DO3	冷却水泵起/停		1			遥控起/停冷却水泵
14	DI6	冷却水泵故障	1				实时监测冷却水泵,出现故障发出报警声
3. 冷水机组							
15	DO1	冷水机组起/停		1			遥控起/停冷水机组
16	DI8	冷水机组故障	1				实时监测冷水机组,出现故障发出报警声
小计			4	5	4	0	
4. 中央管理工作站							
17	DO2	系统故障报警输出		1			空调系统任一设备故障时报警,并发出声光信号
合计		17	5	6	6	0	

(2) 端子接线图 见表6-3-4。注意:DI输入端是用继电器的辅助触点,是无源触点; DI不够用,借用AI点。

表 6-3-4 中央空调监控系统端子图

端子标识	端子号	功能
DO6	13 14	设备故障报警输出
DO5	11 12	冷水机组起/停
DO4	9 10	冷却塔风机起/停
DO3	7 8	冷却水泵起/停
DO2	5 6	冷冻水泵起/停
DO1	3 4	离心风机起/停
AI7	43 44	冷却水回水温度
AI5	41 42	冷却水供水温度
AI4	39 40	冷冻水回水温度
AI8	47 31	冷水机组故障
DI4	29 32	冷却塔风机故障
DI3	27 32	冷却水泵故障
DI2	25 32	冷冻水泵故障
DI1	23 32	离心风机故障
AI3	37 38	冷冻水供水温度
AI2	35 36	空调回风温度
AI1	33 34	空调送风温度

（3）线路工程　电缆桥架安装和桥架内电缆敷设，电缆沟内和电缆竖井内电缆敷设，电线、电缆导管和线路敷设，电线、电缆穿管和线槽敷线的施工应按 GB 50303 中第 12～15 章的有关规定执行，在工程实施中有特殊要求时应按设计文件的要求执行。

1）线缆选型。

◆ 温度传感器（或温度变送器）无论电压输出还是电流输出，至控制箱的连接线均选用 RVVP 0.75×3mm² 多股屏蔽软线（电流输出时一根线做备份）。安装点距控制箱距离大于 50m 时允许选用 1.0×3mm² 多股屏蔽软线，小于 10m 时允许选用 0.5×3mm² 线，每线一色（以红、蓝、黄色为宜）。严禁使用 ϕ1.5mm 及以上线径的线缆。多芯线严禁使用同一颜色。

◆ 湿度传感变送器：选线方法同温度传感器的选线。

◆ 温/湿度传感器一体时，可使用合一线，一般为 RVVP 0.75×4mm² 多股屏蔽线。

◆ 压力变送器、流量计、液位变送器线：RVVP 1.0×2mm² 多股线，两线必须不同颜色。

◆ 压差开关、防冻开关至控制箱管线：RVV 1.0×2mm² 多股线。

◆ 电动风阀、水阀线：RVVP 0.75×2mm² 多股线，RVV1.0×2mm² 多股线各一组，每组内两线颜色必须不同。禁止使用一根4芯线。

◆ 电动阀用交流 24V，在连接时应注明正、负端，所有正端、负端接法必须保持一致，不得混接，以避免短路。两根引线必须选用不同颜色进行区分。

2）注意事项。

◆ 电缆方式走线时芯线必须为不同颜色，多于6芯时，最多允许两根线同色。

◆ 同一工程同一传感执行器电缆线颜色必须一致。如温度电缆线，如 T1 为红、蓝、黄三芯线，则 T2～TX 均必须为同一线色。

3）安全原则：避开电磁干扰，路由最短。

◆ 设备敷线时必须在现场设备端和控制箱端同时挂线牌，线牌应为有机玻璃或塑料材质、严禁使用金属牌。线牌标注内容为设备名称及位号，位号必须与系统图标注元件名称序号相同（如新风温度 T1、回风湿度 H3、冷水阀 TV1、热水阀 TV2 等）。现场设备端线牌位置应在与电缆端头 1m 左右处；控制箱端在 1.5m 左右处；接线及施工完毕后线牌必须保留，不得拆卸。

◆ 电缆线无论在设备端还是控制箱处，接线前必须留出不少于1m 的余量。

◆ 屏蔽线进柜后，屏蔽层应在柜内一侧相互绞接，通过连接地线（黑色）接到箱体地线接口（PE）上，外露的屏蔽层必须用胶带进行绝缘处理。

（四）设备识别及安装

本节重点介绍传感器、控制器等主要设备的识别，在虚拟工程安装条件下的安装。

实训时，先按照设备清单，根据产品特点、主要性能、主要技术参数，阅读随机配套的产品说明书、操作手册或维护手册，识别实训所需的全部设备与器材。设备图如图 6-3-2 所示。

主要参数：

软件平台：Windows、Lonworks。

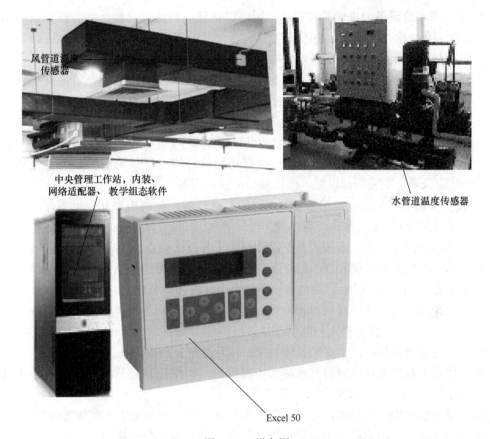

图 6-3-2　设备图

通信接口：RS232/LonWorks。

输入电源：三相四线 AC 380V，±10%，50Hz。

容量：<8kW。

工作电压：220V，±10%，50/60Hz。

工作电流：13~15A。

工作环境温度：-40~55℃。

系统布线：RVVP2×1.0mm² 或 2919 低电容屏蔽双绞线。

工程安装前，应对设备、材料和软件进行进场检验。设备必须附有产品合格证、质检报告、"CCC"认证标志、安装及使用说明书等。如果是进口产品，则需提供原产地证明和商检证明、配套提供的质量合格证明、检测报告及安装、使用、维护说明书的中文文本。设备安装前，应根据使用说明书，进行全部检查，合格后方可安装。

1）进场验收要求。

① 各类传感器、变送器、电动阀门及执行器、现场控制器等的进场验收要求：

◆ 查验合格证和随带技术文件，实行产品许可证和强制性产品认证标志的产品应有产品许可证和强制性产品认证标志。

◆ 外观检查：铭牌、附件齐全，电气接线端子完好，设备表面无缺损，涂层完整。

② DDC 等网络设备的进场验收要求：网络设备开箱后通电自检，查看设备状态指示灯的显示是否正常，检查设备起动是否正常。

③ 组态软件等软件产品等的进场验收要求：

◆ 商业化的软件，如操作系统、数据库管理系统、应用系统软件、信息安全软件和网管软件等应做好使用许可证及使用范围的检查。

◆ 自行编制的用户应用软件、用户组态软件及接口软件等应用软件，除进行功能测试和系统测试之外，还应根据需要进行容量、可靠性、安全性、可恢复性、兼容性、自诊断等多项功能测试，并保证软件的可维护性。所有自编软件均应提供完整的文档（包括软件资料、程序结构说明、安装调试说明、使用和维护说明书等）。

2）设备安装技术要求。传感器、电动阀门及执行器、控制柜和其他设备安装时应符合 GB 50303 第 6、7 章设计文件和产品技术文件的要求。

◆ 传感器阀门及执行器应按原系统设计安装于各自检测点，接线应护套金属软管。

◆ 所有引线均需有足够长度，保证其与传感器、执行器连接后，其引线最低点低于传感器、执行器高度在 5cm 以上，避免水、蒸汽由引线进入设备内。

◆ 所有现场安装设备的接线口都应朝下，使引线由下向上进入设备。接线口不得不为水平位置时，需征得工程负责人同意。严禁接线口向上安装。

◆ 接线盒盖打开接线后，必须及时封闭，避免进水，造成损坏。

◆ 传感器、执行器接线时，其软堵头不得拆掉。引线应穿过软堵头连接（堵头过线孔不够时应划十字口扩孔），以避免水、蒸汽等进入设备内。

◆ 施工过程中操作人员离开时，必须在设备上挂牌"正在施工　严禁通电"。

◆ 任何情况下，均不得采用破坏设备（外形）的方法进行安装。

3）列举几种典型设备的安装。

① GST-D-1000TA/050 型风管道温度传感器（由于工程中涉及的传感器与任务二中的传感器不同，需要再讲解），如图 6-3-3 所示。

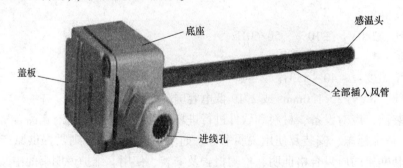

图 6-3-3　风管道温度传感器

◆ 用途：该类传感器适用于对温/湿度或仅对湿度的监测（单温监测通常选用 GST-W-1000 系列）。

◆ 主要技术参数

精度：±0.5℃（0~50℃温度范围），±1.0℃（-50~100℃温度范围），±2.0℃（-50~150℃温度范围）。

耗电量：A 型：15 ~ 35V，≤15mA；B 型：24V，≤45mA。

输出负载：A 型：输出电流 I_0 ≤1mA；B 型：负载电阻 R_z ≤500Ω。

供电电压：DC 24V。

温度范围：0 ~ 50℃。

输出信号：0 ~ 10V。

储存温度：- 40 ~ 55℃。

重量：约 150g。

◆ 标度变换

被测温度（℃）与输出电压（V）的关系：$T = 5U$。

被测温度（℃）与输出电流（mA）的关系：$T（℃）=（I-4）×50/16$。

被测湿度（%）与输出电压（V）的关系：$RH（%）=10U$。

被测湿度（%）与输出电流（mA）的关系：$RH（%）=100×（I-4）/16$。

上述关系式中，U 为实际输出电压，I 为实际输出电流。

② GST-W-1000TA/02050/200 型水管道温度传感器，如图 6-3-4 所示。

◆ 用途：该类传感器适用于采暖、通风与空气调节系统水路内温度的测量，自带套管。

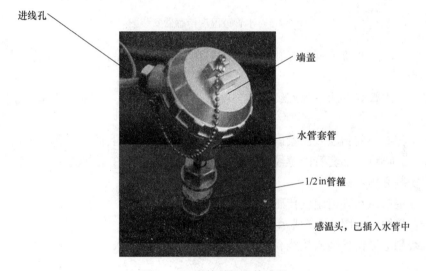

图 6-3-4 水管道温度传感器

◆ 主要技术参数：

长度：100mm、150mm、200mm。

供电电压：DC 24V。

温度范围：0 ~ 50℃。

输出信号：4 ~ 20mA。

精度：±0.5℃。

◆ 安装位置：该传感器安装在冷冻和冷却水系统管道处，分别测量冷却水、冷冻水供水、回水温度（℃），如图 6-3-5 所示。

◆ 安装方法，如图 6-3-6 所示。

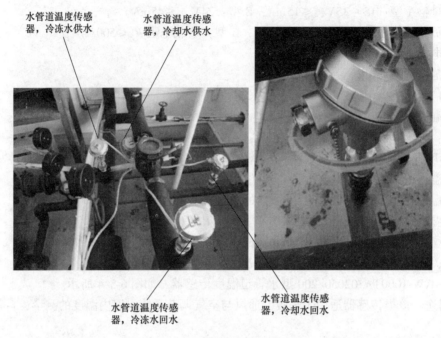

水管道温度传感器，冷冻水供水　　水管道温度传感器，冷却水供水

水管道温度传感器，冷冻水回水　　水管道温度传感器，冷却水回水

图 6-3-5　水管道温度传感器安装图

　　第一步：先将所测流体管路开孔，将 1/2in（1in = 0.0254m）管（4 分管）箍接在管路上（采用铜焊）。

　　第二步：将水管套管的下部螺纹处均匀缠上生料带或生麻、紧固在已焊接好的 1/2in 管箍上。

　　第三步：将导热硅脂注入已紧固好的套管内，将水管套管上部（见图 6-3-7）先套入传感器的铜棒后，再将上部套管的螺纹缠上生料带或生麻，紧固在下部套管上，水管道温度传感器即全部安装完毕。

　　详细尺寸请参照水管道温度传感器使用说明书。

　　第四步：接线，如图 6-3-7 所示。

　　采用二线制电流信号输入接线，A 表示地，B 表示信号输入。

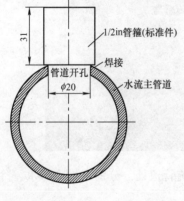

图 6-3-6　水管道温度传感器安装俯视图

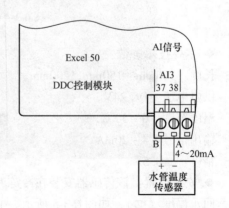

图 6-3-7　接线图

4）控制系统配电柜（箱）中的交流接触器（继电器）的辅助触点，有两类：输入数字控制信号［DI，如冷却塔风机工作状态（起/停），均为无源常开触点］和输出数字控制信号（DO，如冷却塔风机起/停），风机等的运行状态信号采自空调系统强电配电箱中继电器辅助触点，故障状态信号采自热继电器辅助触点。

冷却塔风机故障 DI：DDC 模块端采用干触点开关量输入接线，A 表示地，B 表示信号输入，如图 6-3-8 所示。

冷却塔风机起/停 DO：控制单刀双掷继电器输出，使风机继电器线圈得电或失电，从而对风机起/停进行控制。接线图如图 6-3-9 所示。

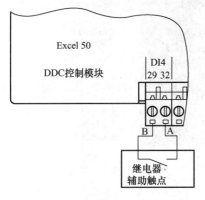

图 6-3-8 冷却塔风机故障等 DI 接线图

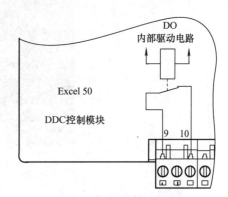

图 6-3-9 继电器线圈接线图

5）完工后的控制系统配电箱（见图 6-3-10）及 DDC 控制模块（见图 6-3-11），这两者都采用壁挂式安装。

图 6-3-10 控制系统配电箱

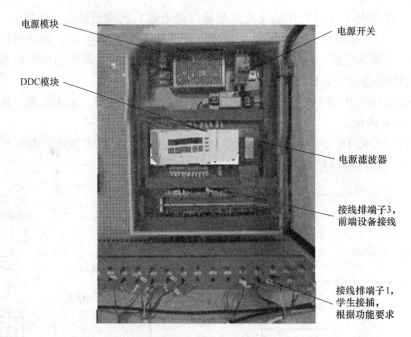

图 6-3-11　DDC 控制模块

6）空调系统设备图。

空调与通风系统如图 6-3-12 所示。

图 6-3-12　空调与通风系统

冷冻和冷却水系统如图 6-3-13 所示。

7）实训安装安全注意事项。

对 DDC 控制器进行跨接线设置时，请断电操作。

◆ 拆除原有系统，重新设计并接线时，请断电操作。系统在重新连接完成后，必须通过指导老师的检查后方可通电实验。

◆ 严禁对远程控制计算机（中央管理工作站及操作分站）中的应用软件的源程序进行修改或删除操作（如果退出应用软件时系统提示是否保存，此时要选择不保存）。严禁对计算机系统的设置进行更改。应用软件的密码尽量不要修改，修改后请牢记。

图 6-3-13 冷冻和冷却水系统

◆ 实训过程中随时注意水箱中的液位，防止水泵的无水运行。注意保证管路的畅通，禁止水泵和其他设备长时间工作在管路截止的状态。

◆ DDC、远程控制柜、现场控制柜内有 380/220V 高压，请勿手摸。

四、任务实施

1）明确实训的任务及目的。

2）明确实训环境、清点需用到的工具、传感器、线材等。

3）对根据任务要求及传感器的安装要求进行安装、接线。

4）安装完备，应用 CARE 软件建立程序、建立相应变量。起动空调系统，对比监控的效果与实际空调的运行是否一致，如果存在问题，则需进一步检查及修正。

5）实训结束后，进行场地的 6S 现场管理。

五、问题

1）通过本项目的训练，谈谈你对空调监控系统的认识。

2）DDC 与探测器、执行器连接时要注意哪几点？

3）模拟量、数字量的信号如何输入到 DDC？

4）DDC 如何实现 DO 设备的控制？

5）在 CARE 软件建立的监控程序中，PID 运算有无成功？如有成功，请画出控制回路。

任务四 空调监控系统的调试与维护

一、教学目标

1）明确空调监控系统的检查、调试与维护及检测标准。

2）能按照要求对设备逐一进行检查、调试与维护。

二、学习任务

1）对施工现场设备按照监控要求进行检查。
2）编制程序来调试及维护功能。

三、相关实践知识

（一）空调监控系统的调试与维护

主要从以下三方面进行。

1. 现场设备验收

各类传感器、变送器、执行机构等进场验收应符合下列规定：

1）查验合格证和随带技术文件，实行产品许可证和安全认证的产品应有产品许可证和安全认证标志。

2）外观检查：铭牌、附件齐全，电气接线端子完好，设备表面无缺损，涂层完整。

2. 现场设备调试与维护

现场设备即传感器、执行器、被控设备，它们的调试与维护主要根据安装说明书进行。

3. 线路敷设

传感器输入信号与 DDC 之间的连接：采用 2 芯或 3 芯，每芯截面积规格大于 $0.75mm^2$ 的 RVVP 或 RVV 屏蔽或非屏蔽铜芯聚氯乙烯绝缘护套连接软电缆。

DDC 与现场执行机构之间的连接：采用 2 芯或 4 芯（如需供电），每芯截面积规格大于 $0.75mm^2$ 的 RVVP 或 RVV 屏蔽或非屏蔽铜芯聚氯乙烯绝缘护套连接软电缆。

DDC 之间、DDC 与控制中心之间的连接：用 2 芯 RVVP 或 3 类以上的非屏蔽双绞线连接。

（二）检查验收要点

1. 直接数字控制器（DDC）的安装检测

DDC 通常安装在被控设备机房中，就近安装在被控设备附近。在电梯监控系统中，DDC 通常安装机房的墙上，用膨胀螺栓固定。

安装要求：DDC 与被监控设备就近安装。

1）DDC 在距地 1500mm 处安装。

2）DDC 安装应远离强电磁干扰。

3）DDC 的数字输出宜采用继电器隔离，不允许用 DDC 数字输出的无源触点直接控制强电回路。

4）DDC 的输入、输出接线应有易于辨别的标记。

5）DDC 安装应有良好接地。

6）DDC 电源容量应满足传感器、驱动器的用电需要。

2. 传感器的检测与维护

（1）温度传感器的安装检测

1）温度传感器包括风管、水管温度传感器，室内、室外温度传感器。千万不能用错。

2）按传感器使用的敏感材料又分 1kΩ 镍薄膜、1kΩ 铂薄膜、1kΩ 和 100Ω 铂等效平均值以及 20kΩNTC 非线性热敏电阻等类型。

3）温度传感器输出按温度变化的电阻值变化或再由放大单元转换成与温度变化成比例的 DC 0~10V 或 4~20mA 的输出信号。所以选择温度传感器需与 DDC 模拟输入通道的特性相匹配。

4）通常根据被测介质的性质、温度范围、传感器的安装长度、精度和价格选用适用于监控要求的温度传感器。

（2）水管温度传感器

1）水管温度传感器不宜在焊缝及其边缘上开孔和焊接安装。

2）水管温度传感器的开孔与焊接应在工艺管道安装时同时进行，必须在工艺管道的防腐和试压前进行。

3）水管温度传感器的感温段宜大于管道口径的 1/2，应安装在管道的顶部，安装在便于调试、维修的地方。

4）水管温度传感器的安装不宜选择在阀门等阻力件附近和水流流束死角及振动较大的位置。

5）选用 RVV 或 RVVP2~4×1.0mm² 线缆连接现场 DDC。

（3）风管温度传感器

1）传感器应安装在风速平稳，能反映风温的位置。

2）传感器的安装应在风管保温层完成后，安装在风管直管段或应避开风管死角的位置。

3）风管型温度传感器应安装在便于调试、维修的地方。

4）选用 RVV 或 RVVP2~4×1.0mm² 线缆连接现场 DDC。

5）温度传感器至 DDC 之间应尽量减少因接线电阻引起的误差。

6）对于 1kΩ 铂温度传感器的接线总电阻应小于 1Ω，对于 NTC 非线性热敏电阻传感器的接线总电阻应小于 3Ω。

（4）湿度传感器的安装检测

1）湿度传感器用于测量室内、室外和风管的相对湿度。

2）湿度传感器在不同的相对湿度情况下，有不同的精度，所以应根据不同的需要选用不同的湿度传感器。

3）输出信号通常为 DC 4~20mA 或 0~10V，应注意与 DDC 模拟输入通道的特性相匹配。

4）室内湿度传感器不应安装在阳光直射的地方，应远离室内冷/热源，如暖气片、空调机出风口。远离窗、门等直接通风的位置。如无法避开，则与之距离不应小于 2m。

5）室内湿度传感器安装要求美观，多个传感器安装距地高度应一致，高度差不应大于 1mm，同一区域内高度差不应大于 5mm。

6）室外湿度传感器安装应有遮阳罩，避免阳光直射，应有防风雨防护罩，远离风口、过道，避免过高的风速对室外湿度检测的影响。

7）选用 RVV 或 RVVP3×1.0mm² 线缆连接现场 DDC。

（5）风管湿度传感器

1）传感器应安装在风速平稳，能反映风温的位置。

2）传感器的安装应在风管保温层完成后，安装在风管直管段或应避开风管死角的位置。

3）风管型湿度传感器应安装在便于调试、维修的地方。

4）选用 RVV 或 RVVP3×1.0mm² 线缆连接现场 DDC。

（6）压差开关　如图 6-4-1 所示。

1）风压压差开关通常用来检测空调机过滤网堵塞、空调机风机运行状态。

2）风压压差开关安装时，应注意安装位置，宜将压差开关的受压薄膜处于垂直位置。如需要，可使用 L 形托架进行安装，托架可用铁板制成。

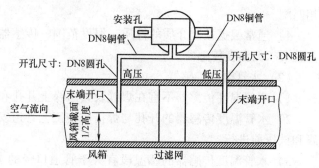

图 6-4-1　压差开关

3）风压压差开关安装时，应注意压力的高低，过滤网前端接高压端、过滤网后端接低压端。空调机风机的出口接高压端、空调机风机的进风口接低压端。

4）风压压差开关应安装在便于调试、维修的地方。

5）风压压差开关不应影响空调器本体的密封性。

6）导线敷设可选用 DG20 电线管及接线盒，并用金属软管与压差开关连接。

7）选用 RVV 或 RVVP2×1.0mm² 线缆连接现场 DDC。

（7）压力传感器　如图 6-4-2 所示。

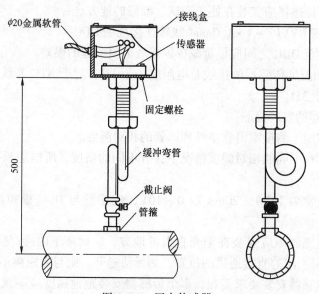

图 6-4-2　压力传感器

1）压力传感器用通常用来测量室内、室外、风管、水管的空气或水的压力。

2）压力传感器应安装在便于调试、维修的位置。

3）室内、室外压力传感器宜安装在远离风口、过道的地方，以免高速流动的空气影响测量精度。

4）风管型压力传感器应安装在风管的直管段，应避开风管内通风死角和弯头。风管型压力传感器的应安装在风管保温层完成之后。

5）水管压力传感器不宜在焊缝及其边缘上开孔和焊接安装。水管压力传感器的开孔与焊接应在工艺管道安装时同时进行，必须在工艺管道的防腐和试压前进行。

6）水管压力传感器宜选在管道直管部分，不宜选在管道弯头、阀门等阻力部件的附近，水流流束死角和振动较大的位置。

7）水管压力传感器应加接缓冲弯管和截止阀。

8）选用 RVV 或 RVVP3 ×1.0mm^2 线缆连接现场 DDC。

（8）水流开关

1）水流开关通常用来检测水管中的水流状态。

2）水流开关应安装在便于调试、维修的地方。

3）水流开关应安装在水平管段上，垂直安装。不应安装在垂直管段上。

4）水流开关不宜在焊缝及其边缘上开孔和焊接安装。水流开关的开孔与焊接应在工艺管道安装时同时进行，必须在工艺管道的防腐和试压前进行。

5）水流开关安装应注意水流叶片与水流方向。

6）水流叶片的长度应大于管径的 1/2。

7）选用 RVV 或 RVVP2 ×1.0mm^2 线缆连接现场 DDC。

（9）空气质量传感器

1）空气质量传感器用来检测室内的 CO_2、CO 或其他有害气体含量。

2）以 0 ~10V 直流输出信号或者以继电器触点输出开/关信号。

3）空气质量传感器安装在能真实反映被监测空间的空气质量状况的地方。

4）探测气体比空气质量轻，空气质量传感器应安装在房间、风管的上部。

5）探测气体比空气质量重，空气质量传感器应安装在房间、风管的下部。

6）风管型空气质量传感器应安装在风管保温层完成之后。

7）风管型空气质量传感器应安装在风管的直管段，应避开风管内通风死角。

8）空气质量传感器应安装在便于调试、维修的地方。

9）选用 RVV 或 RVVP3 ×1.0mm^2 线缆连接现场 DDC 空气质量传感器用来检测室内的 CO_2、CO 或其他有害气体含量。

（10）电动风阀

1）电动风阀用来调节控制系统的风量、风压。

2）电动风阀由风阀和风阀驱动器组成。

3）风阀驱动器根据风阀的大小来选择。

4）电动风阀提供辅助开关和反馈电位器，能实时显示风阀的开度。

5）电动风阀与风阀驱动器连接的轴杆应伸出风阀阀体 80mm 以上。

6）风阀驱动器与风阀轴的连接应牢固。

7）风阀驱动器上的开闭箭头的方向应与风门开闭方向一致。

8）风阀驱动器应与风阀轴垂直安装。

9）风阀驱动器的输出力矩必须满足风阀转动的需要。

10）风阀驱动器的工作电压、输入电压应与 DDC 的输出相匹配。

11）选用 RVV 或 RVVP3 × 1.0mm² 线缆连接现场 DDC。

（11）风机盘管

1）风机盘管电动阀阀体的水流箭头方向应与水流实际方向一致。

2）风机盘管电动阀应安装于风机盘管的回水管上。

3）风机盘管电动阀与回水管连接应有软接头，以免风机盘管的振动传到系统管线上。

4）温控开关与其他开关并列安装时，距地面高度应一致，高度差不应大于1mm。

5）温控开关与其他开关安装于同一室内时，高度差不应大于5mm。

6）温控开关外形尺寸与其他开关不一样时，以底边高度为准。

7）温控开关的输出电压应与风机盘管电动阀的工作电压相匹配。

（三）机房冷热源设备的调试与维护

1）机房冷热源设备的调试（验收）应在冷水机组、冷/热水泵、冷却水泵、冷却塔等设备都能正常工作的情况下进行。

2）检查机房冷热源设备的所有检测点 DI、AI、DO、AO 是否符合设计点表的要求。

3）检查所有检测点 DI、AI、DO、AO 接口设备是否符合 DDC 接口要求。

4）检查所有检测点 DI、AI、DO、AO 的接线是否符合设计图样的要求。

5）检查所有传感器、执行器、水阀的安装、接线是否正确。

（四）新风、空调机机组的调试与维护

1）新风、空调机机组的调试应在新风、空调机机组单机运行正常的情况下进行。

2）检查新风、空调机机组的所有检测点 DI、AI、DO、AO 是否符合设计点表的要求。

3）检查所有检测点 DI、AI、DO、AO 接口设备是否符合 DDC 接口要求。

4）检查所有检测点 DI、AI、DO、AO 的接线是否符合设计图样的要求。

5）检查所有传感器、执行器、水阀、风阀的安装、接线是否正确。

6）手动起/停新风、空调机机组，检查上位机显示、记录与实际工作状态是否一致。

7）手动输入新风、空调机机组的故障信号，检查上位机显示、记录与实际工作状态是否一致。

8）在上位机控制新风、空调机机组的起/停。检查上位机的控制是否有效。

9）模拟回风温/湿度变化（新风机无此项），检测电动水阀、电动加湿阀的开度变化是否符合设计要求。

10）模拟回风温/湿度变化（新风机无此项），检测电动风阀的开度变化是否符合设计要求。

11）模拟压差开关两端压力变化，上位机应有过滤网堵塞报警。

12）模拟低温空气输入，防冻报警器应有信号输出，上位机应有低温报警，并应有相关的联动控制。

13）检测新风、空调机机组是否按设计和工艺要求的顺序自动投入运行和自动关闭。

四、任务实施

1）明确调试任务及目的，明确调试环节及设备，明确调试的标准。

2）对设备及线路进行检测及调试。

3）编制程序，进行调试及功能维护。

五、问题

1）写出空调监控系统的检测要点。

2）写出空调监控系统的总体调试要求。

3）编制程序来调试及功能维护。

项 目 小 结

1）总结空调系统的硬件结构及运行原理。

2）空调监控系统的监控原则及监控原理图、点表分析。

3）总结空调监控系统中的传感器、执行器的功能、性能、安装、接线要求。

4）对空调监控系统的调试。

思 考 练 习

空调监控系统中 PID 运算原理及具体的实现过程、效果分析。

参 考 文 献

[1] 龚威. 现代楼宇自动控制技术 [M]. 北京：清华大学出版社，2012.

[2] 黎连业，朱卫东，李皓. 智能楼宇控制系统的设计与实施技术 [M]. 北京：清华大学出版社，2010.

[3] 李界家. 楼宇设备控制系统 [M]. 北京：中国电力出版社，2011.

[4] 孙景芝. 楼宇电气控制 [M]. 北京：中国建筑工业出版社，2002.

[5] 张少军. 楼宇自动化与智能控制技术 [M]. 北京：中国电力出版社，2011.

[6] 龚威. 楼宇自动控制技术 [M]. 天津：天津大学出版社，2008.

[7] 陆伟良. 实用楼宇自动化管理工程 [M]. 南京：东南大学出版社，2010.

[8] 王波. 智能建筑办公自动化系统 [M]. 北京：人民交通出版社，2004.

[9] 姚卫丰. 楼宇设备监控及组态 [M]. 北京：机械工业出版社，2008.

[10] 章云，许锦标. 建筑智能化系统 [M]. 北京：清华大学出版社，2007.

[11] 陈在平，岳有军. 工业控制网络与现场总线技术 [M]. 北京：机械工业出版社，2006.

[12] 沈晔. 楼宇自动化技术与工程 [M]. 2 版. 北京：机械工业出版社，2009.

[13] 董春利. 建筑智能化系统工程设计手册 [M]. 北京：机械工业出版社，2006.

[14] 曲丽萍，王修岩. 楼宇自动化系统 [M]. 北京：中国电力出版社，2004.

[15] 张勇. 智能建筑设备自动化原理与技术 [M]. 北京：中国电力出版社，2006.